本书系湖南省社会科学成果评审委员会课题"清代湖南文化世家家训研究"（项目编号：XSP19YBZ113）结项成果

本书由湖南省船山学研究基地资助出版

本书系扬州大学中国语言文学博士后科研流动站出站研究成果

清代湖南文化家族家训研究

陈杨 郑茹娟 ◎ 著

中国社会科学出版社

图书在版编目（CIP）数据

清代湖南文化家族家训研究/陈杨,郑茹娟著.—北京：中国社会科学出版社，2022.5
ISBN 978-7-5203-9944-9

Ⅰ.①清… Ⅱ.①陈…②郑… Ⅲ.①家庭道德—研究—湖南—清代 Ⅳ.①B823.1

中国版本图书馆 CIP 数据核字（2022）第 047517 号

出 版 人	赵剑英
责任编辑	郭晓鸿
特约编辑	杜若佳
责任校对	师敏革
责任印制	戴 宽

出　　版	中国社会科学出版社
社　　址	北京鼓楼西大街甲 158 号
邮　　编	100720
网　　址	http://www.csspw.cn
发 行 部	010-84083685
门 市 部	010-84029450
经　　销	新华书店及其他书店
印　　刷	北京明恒达印务有限公司
装　　订	廊坊市广阳区广增装订厂
版　　次	2022 年 5 月第 1 版
印　　次	2022 年 5 月第 1 次印刷
开　　本	710×1000 1/16
印　　张	16.25
插　　页	2
字　　数	201 千字
定　　价	88.00 元

凡购买中国社会科学出版社图书，如有质量问题请与本社营销中心联系调换
电话：010-84083683
版权所有　侵权必究

目 录

绪 论 …………………………………………………………（1）
  第一节　家训及其产生 ……………………………………（2）
  第二节　家训研究述评 ……………………………………（6）

第一章　清代湖南文化家族的生成土壤 …………………（21）
  第一节　湖南的地理环境 …………………………………（22）
  第二节　湖南的政治因素 …………………………………（27）
  第三节　湖南的人文传统 …………………………………（31）

第二章　清代湖南文化家族家训的文献梳理 ……………（46）
  第一节　家训的文体标志 …………………………………（46）
  第二节　家训的特点分析 …………………………………（55）

第三章　清代湖南文化家族家训的修身思想 ……………（83）
  第一节　治学观 ……………………………………………（84）
  第二节　美育观 ……………………………………………（102）
  第三节　仕宦观 ……………………………………………（136）

第四章　清代湖南文化家族家训的训女思想 …………（148）
　　第一节　女性德行观 ……………………………（150）
　　第二节　女性贞洁观 ……………………………（155）
　　第三节　女性教育观 ……………………………（166）

第五章　清代湖南文化家族家训的齐家思想 …………（179）
　　第一节　家族伦理观 ……………………………（179）
　　第二节　家族治生观 ……………………………（194）
　　第三节　家族赈济观 ……………………………（206）

第六章　清代湖南文化家族家训的作用和启示 …………（224）
　　第一节　清代湖南文化家族家训的作用 …………（224）
　　第二节　清代湖南文化家族家训的启示 …………（233）

参考文献 ………………………………………………（239）

后　记 …………………………………………………（253）

绪　　论

习近平总书记在 2015 年春节团拜会上讲话指出："家庭是社会的基本细胞，是人生的第一所学校。不论时代发生多大变化，不论生活格局发生多大变化，我们都要重视家庭建设，注重家庭、注重家教、注重家风，紧密结合培育和弘扬社会主义核心价值观，发扬光大中华民族传统家庭美德，促进家庭和睦，促进亲人相亲相爱，促进下一代健康成长，促进老年人老有所养，使千千万万个家庭成为国家发展、民族进步、社会和谐的重要基点。"[①]家训是家庭教育的重要形式和载体，家训教化是社会教化的基石。中华民族之所以历经数千年而不衰，就是由于有着优秀的中华传统文化的维系。中国传统文化宝库内容博大精深，形式丰富多彩，端蒙养、重家训是中华民族的优良传统。以"整齐门内，提撕子孙"为宗旨的家训，已有三千年的历史，对中国社会发展和中华民族文化传承产生了重要而深远的影响。对传统家训进行研究，总结古代家训道德教化的经验教训，更好发挥其家国整合、立范教家作用，对推进优秀家风培育和家庭、社会建设具有重要的学术价值和现实意义。

---

① 习近平：《在 2015 年春节团拜会上的讲话》，《人民日报》2015 年 2 月 18 日第 2 版。

第一节　家训及其产生

家训是人类社会发展到较高文明程度的结果，是社会生产、经济文化发展到一定水平的产物。从事中国传统家训研究，首先要清楚家训的含义。对于"家训"一词的含义，查阅相关资料可列举如下。

《现代汉语词典》"家训"词条解释如下：家训即家族或家庭对子女教导或训诫的话。[①]

《辞海》"家训"词条解释为：1. 父母对子女的训导。《后汉书·边让传》："髫龀夙孤，不尽家训。" 2. 父祖为子孙写的训导之辞。如北齐颜之推撰有《颜氏家训》。[②]

《汉语大词典》"家训"词条解释为：1. 家长在立身处世为学等方面对子孙的教诲。2. 指《颜氏家训》。[③]

对于家训的含义，许多学者也进行了研究。徐少锦、程延斌在《中国家训史》中指出："家训……主要是指父祖对子孙、家长对家人、族长对族人的直接训示、亲自教诲，也包括兄长对弟妹的劝勉，夫妻之间的嘱托。"[④]

王长金在《传统家训思想通论》中认为："家训是我国传统家庭教育中特殊的形式，是我国古代家庭、家族长辈为教育子孙而专门撰写的文献。"[⑤]

[①] 中国社会科学院语言研究所词典编辑室编：《现代汉语词典》，商务印书馆2012年版，第622页。
[②] 《辞海》，1999年缩印本，（音序）2，第984页。
[③] 罗竹风主编：《汉语大词典》第三卷，汉语大词典出版社1989年版，第1470页。
[④] 徐少锦、程延斌：《中国家训史》，陕西人民出版社2003年版，第1页。
[⑤] 王长金：《传统家训思想通论》，吉林人民出版社2006年版，第1页。

绪　论

楼含松在《中国历代家训集成》前言中指出："家训，又称'家范'、'家规'、'规范'、'家仪'、'治家格言'等。其表现形式，有专书、训诫、书信、诗歌等。"①

朱明勋则认为家训文献具有广义和狭义两种含义。广义的家训文献即指那些本身用来范世，但内容多涉及家庭伦理在家庭中普遍流传并对家庭人格的塑造起到明显作用的文字载体，又指某些聚族而居地区具有家范意义的乡规民约。狭义的家训文献主要是指记载一个家庭或家族内部长辈对晚辈的训示、教诫或一家一族内部的有关家规族法等的文字载体。基于上述家训文献的含义，他在博士学位论文《中国传统家训研究》中将家训定义为："家训，就是某一家庭或家族中父祖辈对子孙辈、兄辈对弟辈、夫辈对妻辈所作出的某种训示、教诫。教诫的内容既可以是教诫者自己制定的，也可以是教诫者取材于祖上的遗言和族规、族训、俗训或乡约等文献中的有关条款，或者具有劝谕性，或者具有约束性，或者两者兼具。它包括口头家训和书面家训两种形式。"②

上述学者和资料都从各个角度对家训进行了定义和解释，都有其合理性。解释家训的含义还要对家训的施训方和受训方以及训诫内容加以明确，从这一角度，笔者认为，家训是家族或者家庭中，长辈对晚辈、夫妻之间、同辈中年长者对年幼者在修身齐家等方面的训示和教诲。训示、教诲的内容来源于人生经验的总结或祖上的训导。

中国传统家训产生甚早，它和人类起源并不同步。家训起源于何时？学界的看法有所不同。费成康将家训的产生上溯至远古时代："中国的家法族规于何时发端，现已不可能考证出具体的

---

① 楼含松：《中国历代家训集成》，浙江古籍出版社2017年版，第2页。
② 朱明勋：《中国传统家训研究》，博士学位论文，四川大学，2004年，第7页。

年代,可以断言的是,在文明之火尚未熊熊燃烧之时,中国的远古社会必定已产生家法族规的雏形。"①

徐少锦、程延斌则认为远古时期没有家训,家训产生于西周时期,是随着家庭的产生而出现,随着家庭的发展不断丰富和完善的:"在远古群婚杂居时期,人们是无所谓家庭因而也无所谓家训的……随着生产与交换的发展,贫富的分化、对立,私有制、阶级与国家的产生,一夫一妻制家庭的形成,贵族、王族与富族的出现,每个家就有了与社会利益相矛盾的乃至对抗的特殊利益;因而父祖对子孙与家庭其他成员的教育,除了包含一般的社会要求之外,还带上了家庭、家族的独特内容,并在世世代代延续、演进的过程中,不断沉淀下来,累积起来,形成了各具特色的家道、家约、家训、家风、家规、家法、家范、家诫、家劝、户规、族规、族谕、庄规、条规、宗式、宗约、公约、祠规、祠约等等。"②

家训产生于远古社会说,缺少相应的文献资料证明,让人难以信服。普遍的观点认为家训是人类社会发展到较高文明程度的产物,是社会生产、经济文化发展到一定水平的结果。王长金就认为家训产生于西周初期,周公是中国传统家训的开创者:"周公的家训实践与以身作则的人格力量,对周初的王室家训起着承上启下的作用,从而成为中国传统家训的开创者。"③

朱明勋在其博士学位论文《中国传统家训研究》中认为家训发轫于先秦,先秦家训分为殷商以前的口头家训时期和殷商以后的文献家训时期,但必须对相传的出现于殷商以前的文献家训或近似于家训的文献进行去伪存真的科学分析。他认为:现存的相

---

① 费成康主编:《中国的家法族规》,上海社会科学院出版社2002年版,第1页。
② 徐少锦、程延斌:《中国家训史》,陕西人民出版社2003年版,第1—2页。
③ 王长金:《传统家训思想通论》,吉林人民出版社2006年版,第54页。

绪 论

传是出自殷商以前人之手的文献家训或近似于家训的文献都是后人伪托的；在先秦古籍中找不到出处的而又是以殷商以后人的名义存在的家训文献一般也是后人伪托的；只有以文字形式存在于先秦古籍中的家训文献才是可信的。

那么文献中第一篇真实可信的家训文献是哪一篇呢？通过对《尚书》中《康诰》、《酒诰》、《梓材》和《无逸》等篇目的分析，朱明勋认为《无逸》是第一篇完全意义上的家训："在先秦时期的古文献中，保存家训文献最多的典籍当首推《尚书》，如其中的《康诰》、《酒诰》、《梓材》等篇什都是周武王对弟弟康叔的劝诫，其家训性质是不容怀疑的。其独特之处即在于，这些内容均是谈如何从政的，与一般的家训常谈如何居家为人相去甚远。……即它过分专注于政治，而几乎没有家人间的亲情沟通，故它们还不能算是完全意义上的家训。真正称得上完全意义上的家训当推此书中的《无逸》篇，这篇文章是周公告诫成王如何戒逸的，其言切于日常实用，具有浓烈的生活气息和亲情训导成份。"①

根据考古发现和文献发掘，笔者认为最早的有文字可考的家训当属清华简《保训》篇。2008年7月，赵伟国向母校清华大学捐赠了从境外拍卖所得的2388枚战国竹简（简称"清华简"）。清华简上记录的"经、史"类书，大多数前所未见，其中的《保训》篇记述周文王在位五十年的时候得了重病，预感到将不久于人世，在戊子这一天洗了脸，第二天把周武王找来传授"宝训"，就如何治国以及中庸、德治等方面对周武王做出了训导。周文王告诫儿子要"敬哉，毋淫！"② 即要恭敬地做事，不要放纵自己，并列举了舜、微等人恭敬做事，终获成功的例子鼓励儿子。

---

① 朱明勋：《中国传统家训研究》，博士学位论文，四川大学，2004年，第16—17页。
② 刘国忠：《走近清华简》，高等教育出版社2011年版，第79页。

第二节 家训研究述评

家训从先秦时期产生至今,已经有了三千多年的发展历史。中国传统家训文化,作为中国传统文化中极具特色的重要组成部分,对中国社会产生了极其重要而深远的影响。相对于家训文化的繁盛,学术界对传统家训的研究却大大滞后。民国以前,还处于家训的创作与辑录阶段。关于家训的研究则开始于民国时期。民国时期,家训研究开始出现在一些家族史的著作中,如潘光旦的《中国之家庭问题》、高达观的《中国家族社会之演变》等。

中华人民共和国成立以来,家训研究大致可以分为三个阶段:改革开放之前、改革开放之后到20世纪末至今。改革开放之前家训研究的文章不多,其中小部分的论文是从学术角度进行家训研究,如罗伟豪《从〈颜氏家训·音辞篇〉论〈切韵〉》(《中山大学学报》1963年第Z1期),从音韵学角度对《颜氏家训》进行研究。受时代政治氛围的影响,大部分论文都是从阶级斗争的角度对家训进行批判性研究,如邱汉生《批判"家训""宗规"里反映的地主哲学和宗法思想》(《历史教学》1964年第4期)、董万仑《刽子手的自白 法西斯的"箴言"——批曾国藩的"家训"与林彪的"家教"》[《延边大学学报》(哲学社会科学版)1975年第1期]。改革开放以来,随着"以阶级斗争为纲"的史学框架被打破,史学研究逐渐活跃,家训研究逐渐受到学界的关注。学界对家训也开始进行辩证研究,如任鸿恩《浅论古代家教的辩证扬弃》(《道德与文明》1986年第1期)。其中,颜之推的《颜氏家训》以其较为完备的理论体系,全面翔实的内容,受到了学者们的重视，成为 80 年代家训研究的重要个案。如谭家健《试谈颜之推和〈颜氏家训〉》（《徐州师范学院学报》1982 年第 3 期）、庾国琼《颜之推的教育思想》（《四川师院学报》1984 年第 3 期）等。

20 世纪 90 年代家族史研究、家族文学研究和家训文化研究成为文史研究的热点和新兴课题。由此，家训文化研究更加受到研究者的重视，家训研究进入了兴盛阶段。此阶段，研究主题日趋多样化：家训个案研究不再局限于《颜氏家训》，包拯、曾国藩、郑板桥、傅雷、毛泽东、陈嘉庚等人的家训思想也开始受到研究者的关注。研究内容日趋深入：如徐秀丽《中国古代家训通论》（《学术月刊》1995 年第 7 期）、陈延斌《中国古代家训论要》（《徐州师范学院学报》1995 年第 3 期）、谢扬举《家训与中华民族人文精神》[《西北大学学报》（哲学社会科学版）1998 年第 2 期]、吕钢文《从孔府档案看孔氏族规家训的内容与特点》（《孔子研究》1998 年第 3 期）等。文献整理开始加强：徐少锦等主编的《中国历代家训大全》（上下册）、翟博主编的《中国家训经典》、张艳国等编著的《家训辑览》等的出版为研究者提供了文献参考。

21 世纪以来家训研究进入了繁荣时期。既有大型的家训汇编著作出版，如楼含松主编《中国历代家训集成》（2017）、陈延斌主编《中国传统家训文献辑刊》（2018）等。也有家训目录学著作出版，如赵振《中国历代家训文献叙录》（2014）。还有家训通史研究的成果出现，如徐少锦、陈延斌《中国家训史》（2011），朱明勋《中国家训史论稿》（2008）。更有数量众多的单篇论文发表和硕博士论文提交，研究涉及家训研究的各个方面。2015 年春节团拜会习近平主席发出"我们都要重视家庭建设，注重家庭、注重家教、注重家风,紧密结合培育和弘扬社会主义核心价值观,发扬光大中华民族传统家庭美德"的号召以后,学界将家训研究再次推向了新的高潮。

现将学界比较重要的研究成果罗列如下。

一 专著

(一)家训文献的整理研究

这些著作主要是从历代典籍中搜集、整理家训文献,为读者了解家训内容及研究者进行深入研究提供了文献资料的方便。比较著名的有楼含松主编《中国历代家训集成》(浙江古籍出版社2017年版),陈延斌主编《中国传统家训文献辑刊》(国家图书馆出版社2018年版),江庆柏、章艳超编《中国古代女教文献丛刊》(北京燕山出版社2017年版),陈建华、王鹤鸣主编《中国家谱资料选编·家规族约卷》(上海古籍出版社2013年版),徐少锦等主编《中国历代家训大全》(中国广播电视出版社1993年版),李茂旭主编《中华传世家训》(人民日报出版社1998年版),成晓军主编《慈母家训》(湖北人民出版社1996年版),陆林主编《中华家训大观》(安徽人民出版社1994年版),谢宝耿编著《中华家训精华》(上海社会科学院出版社1997年版),何新华等编的《名人家教》(江西教育出版社1993年版),从余选注《中国历代名门家训》(东方出版中心1997年版),尹奎友等评注《中国古代家训四书》(山东友谊出版社1997年版)等。

(二)家训史论研究

这些著作梳理了中国古代家训的发展演变。目前,家训史论著作主要有:陈延斌、徐少锦的《中国家训史》(陕西人民出版社2011年版),朱明勋的《中国家训史论稿》(巴蜀书社2008年版)。徐少锦、陈延斌的《中国家训史》按照历史发展的顺序对中国家训进行了梳理研究,该书认为:中国家训萌芽于五帝时期,产生于先秦,定型于两汉三国,成熟于魏晋至隋唐,繁荣于宋元,鼎盛和衰落的过程则在明清时期完成。该书还对中国古代家训作了规律性总结。而朱明勋《中国家训史论稿》则认为,先秦是家训发轫期,汉魏六朝是家训发展期,隋唐为家训成熟期,宋至清是家训鼎盛期,近现代为家训转型期。

(三) 家训内容研究

还有的家训著作立足于家训内容的分析研究。如费成康《中国的家法族规》(上海社会科学院出版社1998年版)对家法族规的演变、制订、范围、惩处、执罚、奖励、特性以及历史作用和研究意义进行了分析研究。王长金《传统家训思想通论》(吉林人民出版社2006年版)对传统家训的历史渊源进行了系统的研究,并对传统的孝顺仁爱、积德行善进行了深入的分析和探讨,针对勤学、立志、谦恭、修身的人生哲学以及节俭、名利、廉洁、诚信的道德观念,以古今对比的方法进行了对比研究,阐明了中国传统家训的精髓所在。此外,该书还提出了胎教、养德、重农、择友、严爱、父教的教育思想以及对下一代的教育要实施言传身教、知行合一、因人施教、严爱殷责等方法的教育理念。戴素芳的《传统家训的伦理之维》(湖南人民出版社2008年版)对传统家训伦理作了全面系统的探讨与研究,具体包括传统家训处世伦理观及其现代意义、传统家训齐家伦理观及其现代构想、传统家训经济伦理观及其现代转换、传统家训经营伦理观及其现代审视、传统家训政治伦理观及其现代观照等。刘欣《宋代家训与社会整合研究》（云南大学出版社 2015 年版）从家训对个体的规范、家训对家族的构建、家训对社会价值观的确立三个层面对宋代家训进行了深入研究。

（四）地域家训研究

随着地域文化研究的兴起，地域家训也成为家训研究者一个新的关注点。陈寿灿、杨云等《以德齐家：浙江家风家训研究》（浙江工商大学出版社 2015 年版），该书对浙江家风家训展开研究：在理论篇章中厘清了浙江家风家训的理论脉络；在文献篇章中梳理了浙江家风家训的经典文献；在名人家风家训篇章中对浙江名人家风家训进行了探究；在民族篇章中提炼出了畲族家风家训的特色。曾礼军《江南望族家训研究》（中国社会科学出版社 2017 年版）从历史演变、文体书写、文化功能、教化思想和文学价值等五个方面对江南望族家训进行了全面系统的考察和研究；重点探讨了江南家训对江南望族的依附生成和发展演变，以及江南家训在立人教育、理家教育和女性教育等育人传家方面的重要文化作用；既分析了江南望族家训与中国传统家训的文化共性，又研究了江南家训文化的地域特性。此外，该书还首次从江南地域的空间视角对传统家训研究进行了深化和拓展，也为倡导健康的世风和家风养成提供了有益的学术参考。

二 学位论文

（一）家训断代史研究

家训断代史研究是硕博士学位论文的重要选题，家训断代史研究涵盖了从先秦到明清的各个朝代。如张静《先秦两汉家训研究》（硕士学位论文，郑州大学，2013 年），郝嘉乐《东汉家训研究》(硕士学位论文，安徽大学，2015年)，安颖侠《汉代家训研究》(硕士学位论文，河北师范大学，2008年)，付元琼《汉代家训研究》(硕士学位论文，广西师范大学，2008年)，闫续瑞《汉唐之际帝王、士大夫家训研究》(博士学位论文，南京师范大学，2004年)，柏艳《魏晋南北朝家训研究》(硕士学位论文，湖南师范大学，2010年)，梁加花《魏晋南北朝家训研究》(硕士学位论文，南京师范大学，2011年)，高洁茹《浅论魏晋南北朝家训发展及对家族影响》(硕士学位论文，华中师范大学，2016年)，舒连会《唐代家训诗考述》(硕士学位论文，南京师范大学，2013年)，刘静《唐代家训诗的教育价值取向研究》(硕士学位论文，东北师范大学，2019年)，苏亚囡《唐代士族家训探析》(硕士学位论文，曲阜师范大学，2010年)，李光杰《唐代家训文献研究》(硕士学位论文，吉林大学，2009年)，陈志勇《唐宋家训研究》(博士学位论文，福建师范大学，2007年)，陈志勇《唐代家训研究》(硕士学位论文，福建师范大学，2004年)，周文佳《从家训看唐宋时期士大夫家庭的治家方式》(硕士学位论文，河北师范大学，2008年)，刘欣《宋代家训研究》(博士学位论文，云南大学，2010年)，吴小英《宋代家训研究》(硕士学位论文，福建师范大学，2009年)，许从彬《宋代女训思想研究》(硕士学位论文，南京师范大学，2011年)，冯瑶《两宋时期家训演变探析》(硕士学位论文，辽宁大学，2012年)，梁素丽《宋代女性家庭地位研究——以家训为中心》(硕士学位论文，辽宁大学，2012年)，姚迪辉《宋代家训伦理思想研究》(硕士学位论文，湖南工业大学，2011年)，易金丰《宋代士大夫的治生之学与消费伦理——以宋代家训为中心》(硕士学位论文，河北大学，2013年)，刘江山《宋代家训研究》(硕士学位论文，青海师范大学，2015年），姚社《宋代家训中的妇女观研究》（硕士学位论文，华中师范大学，2008年），杨华《论宋朝家训》（硕士学位论文，西北师范大学，2006年），李俊《宋代家训中的经济观念》（硕士学位论文，河北师范大学，2002年），张颜艳《金代家训研究》（硕士学位论文，西北大学，2017年），郭同轩《明代仕宦家训思想研究》（硕士学位论文，山西师范大学，2016年），张妍《明清家训的现代家庭教育价值研究》（硕士学位论文，沈阳师范大学，2019年），王瑜《明清士绅家训研究（1368—1840）》（博士学位论文，华中师范大学，2007年），赵金龙《明清家训中的经济观念》（硕士学位论文，山东师范大学，2009年），张洁《明清家训研究》（硕士学位论文，陕西师范大学，2013年），吴晓曼《明清家训中优秀德育思想的当代价值及转化路径探析》（硕士学位论文，安徽农业大学，2017年），魏雪源《清代家训中的伦理教育思想研究》（硕士学位论文，山东师范大学，2018年），王莉《明清苏州家训研究》（硕士学位论文，苏州大学，2014年），张然《明代家训中的经济观念研究》（硕士学位论文，华中师范大学，2008年），李佳佳《满族谱牒中的家训研究》（硕士学位论文，吉林师范大学，2014年），钟华君《清末民初徽州宗族家训及其传承研究》（硕士学位论文，安徽大学，2015年）等。

（二）家训专题研究

研究者从伦理道德、家庭教育、艺术教育等角度进行探析。如徐小萌《优秀家风家训融入当代大学生道德教育研究》（硕士学位论文，曲阜师范大学，2019年）、郝佳婧《曾国藩家训德育思想研究》（硕士学位论文，东北林业大学，2019年）、李雪《张英家训中的道德修养论》（硕士学位论文，云南大学，2018年）、魏雪玲《传统家训文化中的德育思想研究》（硕士学位论文，重庆师范大学，2013年）、蓝露云《传统家训中诚信思想融入高校诚信教育的路径研究》（硕士学位论文，广西大学，2018年）、张宗婉《我国传统家训中的家庭美德教育研究》（硕士学位论文，天津师范大学，2016年）、张敏《我国古代家训中的家庭教育思想初探》（硕士学位论文，华东师范大学，2009年）、景伟超《〈曾文正公家训〉中的家庭教育思想及其当代价值》（硕士学位论文，聊城大学，2019年）、张希《〈颜氏家训〉的生命教育思想及其当代价值》（硕士学位论文，中共山东省委党校，2019年）、李倩文《〈颜氏家训〉中的艺术教育思想研究》（硕士学位论文，山东艺术学院，2019年）、王海利《传统家训中的美育思想研究》（硕士学位论文，云南师范大学，2018年）、岳丽丽《我国传统家训蕴意及其现代伦理价值》（硕士学位论文，长春工业大学，2010年）、杨琦《中国传统家训的系谱学研究》（硕士学位论文，首都师范大学，2007年）等。

（三）家训个案研究

研究者选取中国历史上的文化名人的家训进行个案研究，深入发掘其中的内涵和现实意义。誉为"古今家训之祖"的《颜氏家训》是硕博士论文中的研究热点，研究者们从史学、伦理学、文学、语言学、教育学、社会学等各个学科角度对其进行研究和探讨。如张希《〈颜氏家训〉的生命教育思想及其当代价值》（硕士学位论文，中共山东省委党校，2019年）、李倩文《〈颜氏家训〉中的艺术教育思想研究》（硕士学位论文，山东艺术学院，2019年）、陈筱倩《〈颜氏家训〉家风建设思想研究》（硕士学位论文，河南中医药大学，2018年）、吴炜《多达〈致吾儿书〉与

〈颜氏家训〉比较研究》（硕士学位论文，东北师范大学，2017年）、雷传平《〈颜氏家训〉研究》（博士学位论文，曲阜师范大学，2016年）、陈梦琦《〈颜氏家训〉副词研究》（硕士学位论文，南京林业大学，2016年）、田雪《〈颜氏家训〉中的士族文化研究》（博士学位论文，河北师范大学，2013年）、范岚《〈颜氏家训〉学习策略研究》（硕士学位论文，中南大学，2013年）、尹海清《〈颜氏家训〉中的儿童道德教育思想简论》（硕士学位论文，辽宁师范大学，2012年）、郝玲《〈颜氏家训〉虚词研究》（硕士学位论文，内蒙古师范大学，2011年）、基圣军《颜之推经学思想的几个问题》（硕士学位论文，重庆师范大学，2011年）、苏方《〈颜氏家训〉及其伦理内涵初探》（硕士学位论文，上海师范大学，2010年）、陈天旻《〈颜氏家训〉与严氏家族文化研究》（硕士学位论文，江南大学，2010年）、李健《哲学视域中的〈颜氏家训〉研究》（硕士学位论文，湘潭大学，2009年）、李兰兰《〈颜氏家训〉单音节动词同义词研究》（硕士学位论文，新疆大学，2009年）、刘社锋《儒家价值体系及其具体化研究——兼论〈颜氏家训〉的个体品德培育》（硕士学位论文，西北师范大学，2009年）、田雪《乱世浮沉中的挣扎——从〈颜氏家训〉看颜之推文化心理之矛盾性》（硕士学位论文，河北师范大学，2009年）、汪甜《〈颜氏家训〉和传统人文教化》（硕士学位论文，东北师范大学，2008年）、许晓静《由〈颜氏家训〉看南北朝社会》（硕士学位论文，山西大学，2007年）、刘凡羽《论〈颜氏家训〉的内容与文体风格》（硕士学位论文，东北师范大学，2007年）、杨海帆《〈颜氏家训〉文学思想研究》（硕士学位论文，河北大学，2006年）、余颖《〈颜氏家训〉"书证篇"研究》（硕士学位论文，上海师范大学，2003年）、邹方程《从〈颜氏家训〉看六朝书法》(硕士学位论文,首都师范大学,2003 年)等。此外,绩溪章氏、吴越钱氏、张英、陆游、曾国藩、朱柏庐、王夫之、颜延之、司马光、曾国藩等也开始成为研究的热点。如吴天慧《绩溪〈章氏家训〉思想及其现代价值研究》(硕士学位论文,安徽大学,2018 年)、耿宁《〈钱氏家训〉及当代价值研究》(硕士学位论文,安徽财经大学,2018 年)、车墨姣《〈张英家训〉主体思想研究》(硕士学位论文,青岛大学,2017 年)、梁琦《陆游家训诗研究》(硕士学位论文,山西大学,2017 年)、陈松林《曾国藩家训思想研究——以〈曾国藩家书〉为视角》(硕士学位论文,山东大学,2017 年)、李胜飞《〈朱子家训〉研究》(硕士学位论文,华中师范大学,2017 年)、肖蕾《作为地方性道德知识的钱氏家训研究》(硕士学位论文,浙江财经大学,2016 年)、赵红莲《王船山家训伦理思想研究》(硕士学位论文,湖南师范大学,2016 年)、刘辉《颜延之〈庭诰〉研究》(硕士学位论文,福建师范大学,2013 年)、刘文升《司马光家庭教育思想研究》(硕士学位论文,河南大学,2010 年)、张晓敏《〈温公家范〉主体思想研究》(硕士学位论文,青岛大学,2008 年)、孙翔《曾国藩家庭伦理思想的现代价值研究》(硕士学位论文,西北师范大学,2005 年)等。

三 期刊论文及其他

目前家训研究成果数量最多的是期刊论文,在中国知网中以"家训"为主题搜索期刊论文,得到的查询结果数以千计。

(一)家训综合研究

如徐秀丽《中国古代家训通论》(《学术月刊》1995 年第 7

期),林庆《家训的起源和功能——兼论家训对中国传统政治文化的影响》(《云南民族大学学报》2004年第3期)、陈延斌《中国古代家训论要》(《徐州师范学院学报》1995年第3期),徐少锦《试论中国历代家训的特点》(《道德与文明》1992年第3期)等对中国传统家训的生成原因、主要内容、特色特点和文化意义等进行分析研究。

(二) 地域家训研究

主要有:贾秀梅《山西传统家训文化简论》[《中北大学学报》(社会科学版) 2020年第3期]、郝士宏《山西传统家训文化的当代价值》[《中北大学学报》(社会科学版) 2020年第1期]等专门对山西传统家训进行考察。庄若江《敦化成学 蕴藉深厚——江南世族"家训"的生成、谱系与内涵》(《江南大学学报》2020年第1期)、刘志伟《"江南第一家"郑氏家族的家训教化制度考究》(《兰台世界》2015年第27期)、曾礼军《江南望族家训:家族教化与地域涵化》(《中国社会科学报》2012年1月13日)等对江南世家家训进行深入分析。杨芳《清代徽州家风家训探析——以黟县南屏叶氏家族为例》(《皖西学院学报》2018年第6期)、陈雪明《徽州宗族祖训家规及其当代文化价值》(《中国石油大学学报》2017年第5期)、汪锋华《藩篱中的自由:民国徽州宗族婚姻观的革新——以徽州家谱族规家训为中心》(《安庆师范大学学报》2020年第1期)等则对徽州地区的家训进行聚焦研究。

(三) 家训个案研究

家训个案研究主要是以《颜氏家训》为代表,如尹旦平《〈颜

绪 论

氏家训〉的道德教育思想》(《江汉论坛》2000 年第 1 期),李鹏辉《〈颜氏家训〉的人文关怀及现代启示》(《山西师大学报》2005 年第 1 期),张学智《〈颜氏家训〉与现代家庭伦理》(《中国哲学史》2003 年第 2 期),朱明勋《〈颜氏家训〉成书年代论析》(《社会科学研究》2003 年第 4 期),陈东霞《从〈颜氏家训〉看颜之推的思想矛盾》(《松辽学刊》1999 年第 3 期),王玲莉《〈颜氏家训〉的人生智慧及其现代价值》(《广西社会科学》2005 年第 10 期),邵海燕《〈颜氏家训〉的儿童早教论》[《浙江师范大学学报》(社会科学版)1996 年第 5 期],钱国旗《血脉传承与扬名显亲——论〈颜氏家训〉的齐家之道》(《孔子研究》2007 年第 4 期)等。此外,黄明毅《清代海宁查氏家族家训及现代传承》(《新余学院学报》2019 年第 1 期),梁金玉《郑观应家训的文种、特点及其价值》(《应用写作》2019 年第 2 期),郭长华《张英家训思想初论》(《湖北大学学报》2005 年第 1 期),孔令慧《论司马光家训特色及当代启示》(《运城学院学报》2008 年第 1 期),闫续瑞、栗瑞彤《论唐代〈柳氏家训〉中的忧患意识》(《广西社会科学》2019 年第 2 期),张红艳《张载家族家训中的伦理思想探析》[《宝鸡文理学院学报》(社会科学版)2019 年第 2 期],崔军伟《明代理学家曹端家训著述及家训思想探析》[《河南科技大学学报》(社会科学版)2019 年第 2 期],陈延斌《论司马光的家训及其教化特色》[《南京师大学报》(社会科学版)2001 年第 4 期],戴素芳《论曾国藩家训伦理思想及其现代意义》(《伦理学研究》2003 年第 5 期),钱敏《曾国藩家训家教思想的构成与启示》[《湖北经济学院学报》(人文社会科学版)2018 年第 12 期]等则对张英、郑观应、张载、司马光、曾国藩等历史人物的家训进行研究,显示出了家训个案研究的丰富性。

· 17 ·

(四) 家训专题研究

其一是家风家训与社会主义核心价值观研究,如陆树程、郁蓓蓓《家风传承对培育和践行社会主义核心价值观的意义》[《苏州大学学报》(哲学社会科学版) 2015 年第 3 期],刘先春、柳宝军《家风家训:培育和涵养社会主义核心价值观的道德根基与有效载体》(《思想教育研究》2016 年第 1 期),张琳、陈延斌《传承优秀家风:涵育社会主义核心价值观的有效路径》(《探索》2016 年第 1 期)等,指出优秀家风家训对社会主义核心价值观的认知具有内化意义,对社会主义核心价值观的践行具有深化意义。

其二是家训中的德育思想研究。张君、欧雨云《中国传统家训中的德育思想研究述评》(《船山学刊》2015 年第 6 期),雷立成《传统家训道德理念结构及现实意义》(《船山学刊》2001 年第 4 期),宣璐《中国传统家训中的诚信文化及其当代价值》(《重庆社会科学》2015 年第 1 期),武林杰《传统诚信家训的历史探究及其当代教育启示》[《首都师范大学学报》(社会科学版) 2019 年第 3 期],段文阁《古代家训中的家庭德育思想初探》(《齐鲁学刊》2003 年第 4 期),王丹《传统家训文化中的德育思想及其现代意蕴》(《思想政治教育研究》2018 年第 1 期),刘经纬、郝佳婧《〈曾国藩家训〉中的治家德育思想及当代价值探析》(《湖南人文科技学院学报》2018 年第 1 期),陈新专、符得团《传统家训道德培育的当代启示》(《甘肃社会科学》2011 年第 5 期)等批判地继承和吸收了传统家训道德培育的经验,为现代思想政治教育和公民道德建设提供了借鉴。

其三是家训中的官德思想研究。周红《中国古代家训中的仕宦理念及其当代价值》(《徐州教育学院学报》2008 年第 2 期),

张熙惟《宋代家训中的官德教育》(《人民论坛》2019 年第 17 期)，王伟、张琳《〈澄怀园语〉官德思想及其启示》[《江苏师范大学学报》(哲学社会科学版) 2017 年第 5 期]，王志立《论宋代官德教育》(《中州学刊》2016 年第 9 期)，赵宏欣《宋代家训中的官德教育》(《商丘职业技术学院学报》2012 年第 1 期)，王志立《古代家训中的官德教育》(《人民日报》2016 年 7 月 18 日) 等深入挖掘历代家训中的官德思想，探析其中内涵。

其四是家训中的女性观念研究。如臧健《中韩古代家规礼法对女性约束之比较——以明清与古代朝鲜时期为例》[《北京大学学报》(哲学社会科学版) 2000 年第 3 期]，杨爱华、胡菊虹《宋与明清家规对女性管理之比较》[《青海民族学院学报》(社会科学版) 2001 年第 3 期]，王连儒、许静《〈颜氏家训〉中的女性生活状况及女性教育观念》[《聊城大学学报》(社会科学版) 2007 年第 6 期]，刘欣《略论宋代家训中的"女教"》(《中华女子学院学报》2009 年第 5 期)，石开玉《明清徽州传统家训中的女性观探析》(《重庆三峡学院学报》2016 年第 5 期) 等对家训中的女性观进行了研究和探讨。

其五是家训中的经济观念研究。朱明勋《宋元明清时期家训中的理财思想及其经济性质》(《晋阳学刊》2007 年第 3 期)，郑漫柔《清代家训中的家庭理财观念》(《黑龙江史志》2010 年第 9 期)，郭敏、黄春梅《崇俭与经济生活：潮汕家训中的崇俭消费思想观窥探》(《顺德职业技术学院学报》2019 年第 1 期)，赵金龙《传统家训中的家庭消费观》(《辽宁教育行政学院学报》2008 年第 5 期)，戴素芳《传统家训消费伦理观的现代审思》(《伦理学研究》2007 年第 2 期)，王海艳《传统家训消费伦理观探析》(《西部经济管理论坛》2009 年第 2 期)，刘子超《〈朱子家训〉

中勤俭思想的现代价值研究》(《包头职业技术学院学报》2015年第4期)等对传统家训中的理财思想进行了探讨。

综上所述，当今学者对中国传统家训研究无论是在专著、硕博士论文还是在单篇论文等方面都取得了很好的成绩，家训研究涉及的内容更加广泛，家训研究在研究领域中越来越受到人们的重视。党的十八大以来，习近平总书记在不同场合多次谈到要"注重家庭、注重家教、注重家风"，强调"家庭的前途命运同国家和民族的前途命运紧密相连"。家训研究受到了社会的普遍关注，家训研究与家庭建设和社会发展也更加紧密地联系在一起，家训研究迎来了前所未有的大发展。

但是中国传统家训研究也有着进一步提升的空间。一是家训文献整理还需加强。家训研究要更进一步发展，需要源源不断的新材料，近年来虽然也出版了《中国历代家训集成》《中国传统家训文献辑刊》《中国古代女教文献丛刊》《中国家谱资料选编·家规族约卷》等家训文献丛书，一定程度上弥补了家训文献的不足，但是相对于数量众多的传统家训和越来越多的研究需求，家训文献整理还要继续加强。二是地域家训研究较为薄弱。目前的家训研究成果主要集中在家训专题研究和个案研究，地域家训研究专著只有曾礼军《江南望族家训研究》和陈寿灿、杨云《以德齐家——浙江家风家训研究》等寥寥几部。我国地域家训特色鲜明，内涵丰富，相关研究有待进一步深入。三是研究角度和方法有待创新。目前的家训研究内容和角度都过于集中，缺少进一步的创新和深入。

第一章　清代湖南文化家族的生成土壤

湖南是我国南部中央的一个内陆省份，在清代以前的漫长历史中，湖南能跻身文化名人之列的人物并不多。晚清学者皮锡瑞曾这样评价说："湖南人物，罕见史传。三国时，如蒋琬者只一二人。唐开科三百年，长沙刘蜕始举进士，时谓之破天荒。至元欧阳原功，明刘三吾、刘大夏、李东阳、杨嗣昌诸人，骎骎始盛。"① 到了清代，湖南人才大量涌现，出现了"清季以来，湖南人才辈出，功业之盛，举世无出其右"②的兴盛局面。不仅如此，清代湖南还出现了许多在湖南文化发展史上具有两代及两代以上相传并有相当成就和影响的文化家族，如：衡阳王氏、道州何氏、益阳胡氏、善化皮氏、湘乡曾氏、湘阴左氏等。王夫之、何绍基、胡林翼、皮锡瑞、曾国藩、左宗棠等即是清代湖南文化家族的杰出代表。王勇、唐俐著的《湖南历代文化世家·四十家卷》选录了40家湖南历代文化家族的代表，其中在清代以后发展成文化家族的就多达32家。由此可见，清代无疑是湖南文化家族形成和发展的黄金时代。但是，清代湖南文化家族形成和发展的原因是什么，学界却很少有人对其进行系统研究。基于此，本

---

① 皮锡瑞：《师伏堂未刊日记（1897—1898）》，《湖南历史资料》1959年第1期。
② 谭其骧：《中国内地移民史·湖南篇》，《史学年报》1932年第1卷第4期。

章试就清代湖南文化家族的生成土壤进行探讨。

第一节　湖南的地理环境

　　黑格尔认为"人要有现实客观存在，就必须有一个周围的世界，正如神像不能没有一座庙宇来安顿一样"，"首先跻到我们面前来的就是外在自然，例如，地点、时间、气候之类，在这方面，我们每走一步就可以看到一幅新的有定性的图画"①。丹纳也曾经说过："要了解一件艺术品，一个艺术家，一群艺术家，必须正确地设想他们所处的时代的精神和风俗概况。这是艺术品最后的解释，也是决定一切的基本原因。"清代湖南人才兴盛，文化家族涌现，和清代湖南地区的地理环境紧密相关。

　　湖南省位于长江中游，因为省境绝大部分在洞庭湖以南，故称湖南；湘江贯穿省境南北，故简称湘。另有湘、楚、湘楚、潇湘、三湘、三湘四水等别称。介于北纬24°38′—30°08′，东经108°47′—114°15′之间。湖南东临江西，西接重庆、贵州，南毗广东、广西，北连湖北，总面积21.18万平方千米。

　　湖南在原始社会时为三苗、百濮与杨越（百越一支）之地。夏、商和西周时，湖南在荆州南境。春秋、战国时代湖南属于楚国苍梧、洞庭二郡。西汉初期属于长沙国，汉武帝之后属荆州刺史辖区。三国时属吴国荆州。西晋时分属荆州和广州；东晋时分属荆州、湘州、江州。南朝宋、齐、梁时分属湘州、郢州和小部分荆州，南朝陈时分属荆州、沅州。隋朝时在湖南设长沙、武陵、沅陵、澧阳、巴陵、衡山、桂阳、零陵等八郡。唐代宗广德二年

---

①　黑格尔：《美学》第一卷，商务印书馆1979年版，第312页。

(764年) 在衡州置湖南观察使,从此在中国行政区划史上开始出现"湖南"之名。五代十国时期,马殷据湖南,建立楚国,国都为长沙。宋朝时,路为一级行政区域,湖南主要在荆湖南路。元代实行行省制度,湖南属湖广行省。明朝湖南属湖广布政使司。清朝康熙三年(1664年)湖广行省南北分治,设立湖南省,湖南从此独立成省。

一方水土养一方人。不同地域的人由于地理环境的不同也会形成不同的思想观念和文化性格。地理环境是人才成长的大环境,影响着人才的生成。清代湖南人才辈出,文化家族兴盛,这和湖南近乎封闭的自然地理环境关系密切。就自然地理环境而言,湖南地处云贵高原向江南丘陵和南岭山脉向江汉平原过渡的地带,地势呈三面环山、朝北开口的马蹄形。湖南北面以洞庭湖连接长江水系,谷地交错,丘陵纵横,地势自西南向西北倾斜,以丘陵为主。"北以滨湖平原与湖北接壤,南枕五岭与广东、广西为邻,东以幕阜、武功诸山系界江西,西以云贵高原连贵州南境,西北则以武陵诸山脉界川东和鄂西。"[①] 曾国藩说:"湖南之为邦,北枕大江,南薄五岭,西接黔蜀,群苗所萃,盖亦山国荒僻之亚。"[②] 湖南北面的洞庭湖和长江,在古代生产力落后的情况下,都是难以逾越的天堑。湖南的东面有幕阜山、连云山、八面山等海拔在1600米以上的高山,与江西相隔。南面五岭逶迤:越城岭、都庞岭、萌渚岭、骑田岭、大庾岭,"其山自衡州常宁县属于桂阳、郴连贺韶四州,环纡千余里"[③],南面高山的重重阻隔,将湖南与广东、广西分隔开来。湖南西面是雪峰山脉和武陵

[①] 湖南省志编纂委员会编:《湖南省志·地理志》(上),湖南人民出版社1961年版,第2页。
[②] 曾国藩:《曾国藩全集》第14卷,岳麓书社1994年版,第334页。
[③] 李焘:《续资治通鉴长编》卷一百四十三,中华书局2004年版。

山脉,它们与云贵高原连在一起,成为阻隔湖南和云南、贵州以及川东和鄂西交通的天然屏障。无怪乎钱基博在《近百年湖南学风》导言中写道:"湖南之为省,北阻大江,南薄五岭,西接黔蜀,群苗所萃,盖四塞之国。其地水少而山多。重山迭岭,滩河峻激,而舟车不易为交通。"①

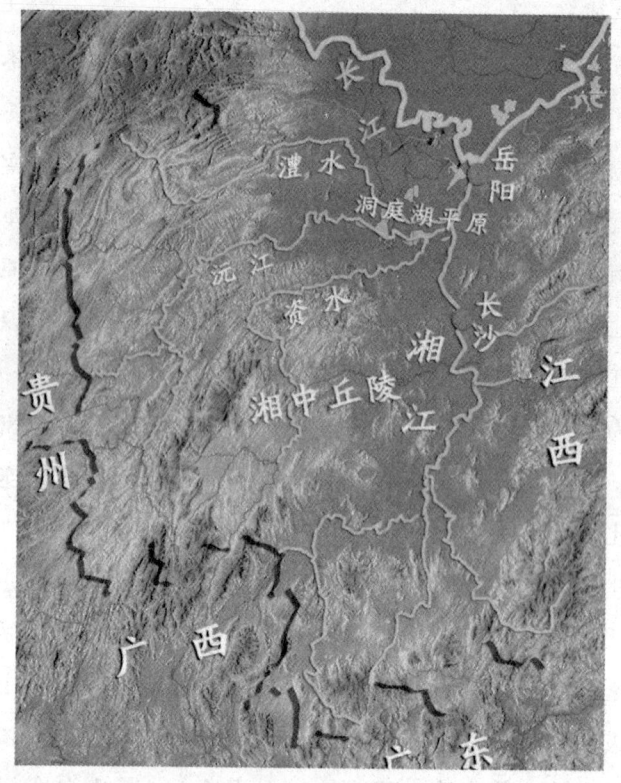

湖南省地形水系图

四塞之地的地理环境使得湖南与外界的文化交流相对较弱,很少受到外来文化的冲击与影响,因此湖南土著居民在此能够安

---

① 钱基博:《近百年湖南学风》,岳麓书社2010年版,第1页。

第一章 清代湖南文化家族的生成土壤

居乐业,安土重迁,湖南特色的文化传统更加容易保留。此外,四塞之地的地理环境也使得湖南在历史上所遭遇的兵火重创与毁坏比较少,生活环境相对安定,根植于此的世家大族往往可以延续百年以上,支脉分衍,绵延不绝。陶澍也曾经感慨:"平生宦游,足迹几遍天下,所见人民城郭大都非故,而吾邑介在山陬,其民群萃州处,往往数百年不易其地,孙孙子子婚姻洽比,有桃源鸡黍之意。"①湖南这种特殊的地理环境,对于以耕读传家为本的家族而言,在保持家族的稳定与延续和对家族子弟进行教育的过程中,却是一个相对稳定和难得的外部环境。因而,湖南四塞之地的地理环境对于文化家族的形成大有裨益。

湖南有如世外桃源的自然地理环境也吸引了数量众多的移民,这些移民在此定居,经过数代的繁衍生息,有的就成了名震一方的文化家族。清代湖南的文化家族有不少就是外来移民的后代:如衡阳王氏家族在明朝初年由江苏高邮落籍衡阳,王氏家族在衡阳以军功立家,后来又从军功家族转型成了著名的儒学家族,代表人物为王夫之、王介之、王敔等。湘阴左氏家族在南宋时期从江西迁徙到湖南,不仅以耕读立家,而且代有闻人,其中最有名的就是清代历任闽浙总督、陕甘总督、两江总督,官至东阁大学士、军机大臣,封二等恪靖侯的左宗棠。邵阳车氏家族在明朝景泰初年由江苏迁居湖南邵阳,并发展成为邵阳望族,涌现出了车万育、车鼎丰等著名人物。安化陶氏在南唐同光年间由江西吉州迁徙至湖南安化,再传十五世至陶必铨、十六世至陶澍。陶澍为道光朝重臣,曾任两江总督,后加太子少保,任内督办海运,剔除盐运积弊,兴修水利,造福一方。

四塞之地的地理环境也影响着湖南人的性格。人类由于地理

---

① 陶澍:《陶澍全集》下册,岳麓书社2010年版,第109页。

环境的影响，有了人文环境的区别，也造就了不同的性格。性格的形成，有的是由于文化的影响，有的是受到血统的遗传，还有的则是因为受到了地理环境的影响。梁启超在《中国地理大势论》中说："湖南，古楚南也，北通江域，南接瑶苗，故其人进取之气颇盛，而保守之习亦强。近数十年，自伐其功，嚣张大甚，然其尚气敢任，有足多者。"受湖南地理环境的影响，湖南人性格倔强，独立自强，安贫乐道，既能继承传统又能开拓创新，既具有独立自由的思想又具有坚强的志气。梁启超指出："中国苟受分割，十八省中可以为亡后之图者，莫如湖南、广东两省矣。湖南之士可用，广东之商可取；湖南之长在强而悍，广东之长在富而通。"① 杨度曾作"湖南少年歌"说："中国于今是希腊，湖南当作斯巴达；中国将为德意志，湖南当作普鲁士。诸君诸君慎于此，莫言事急空流涕。若道中华国果亡，除是湖南人尽死。"②在做学问时，湖南学者既能湛深古学同时又不为古学所局限，更容易开一代风气，从而成名成家，光耀门庭，进而形成文化家族。无怪乎钱基博感叹道："顽石赭土，地质刚坚，而民性多流于倔强。以故风气锢塞，常不为中原人文所沾被。抑亦风气自创，能别于中原人物以独立。人杰地灵，大德迭起，前不见古人，后不见来者，宏识孤怀，涵今茹古，罔不有独立自由之思想，有坚强不磨之志节。湛深古学而能自辟蹊径，不为古学所囿。义以淑群，行必厉己，以开一代之风气，盖地理使之然也。"③

综上所述，在文化传承上，四塞之地的地理环境使得清代湖南地区较少受到外来文化的冲击，本土特色的文化传统更加容易

---

① 梁启超：《饮冰室合集》第6册，中华书局2015年版，第129页。
② 杨度：《杨度集》第1册，湖南人民出版社2008年版，第95页。
③ 钱基博：《近百年湖南学风》，岳麓书社2010年版，第1页。

保留；在生活环境上，四塞之地的地理环境使得湖南远离战火，较少受到兵燹的重创和毁坏，生活环境相对安定，有利于吸引外来人口，有利于家族的稳定和延续；在文化性格上，四塞之地的地理环境使得湖南人既能继承传统又能开拓创新，既具有独立自由的思想又具有坚强的志气，更容易脱颖而出，从而有利于文化家族的形成。

第二节　湖南的政治因素

一个时代的政治包括这个时代的政治制度和政治事件。自古以来，文化家族的兴衰就与政治有着极为密切的关系。清代湖南文化家族的繁荣兴盛和清代的政治因素，尤其是与清代的科举考试制度和太平天国运动关系密切。

科举考试制度是中国古代封建社会的一项人才选拔制度，自隋唐开始至清末废除，一共延续了一千多年。尽管长期以来科举考试制度一直为人们所诟病，但是相比春秋时的世卿世禄制、两汉时的乡举里选制以及魏晋时期的九品中正制，科举考试制度却有着巨大的历史进步意义，有着明显的优越性。科举考试制度引入了相对公平的竞争机制，为出身贫寒、没有家庭背景的民间士子打开了一条通向社会上层的进身之路，为他们提供了改变命运、施展抱负的机会。

时兴的南北分闱催生了清代湖南文化家族繁荣兴盛的文化因子。清代以前湖南人才稀少，文化家族不多，也受到了行政区划和科举考试规则的影响。清代立国之初，湖南、湖北同属于湖广省,省会在武昌。按照当时的科举考试制度,湖南和湖北必须南北合闱,湖南学子需要到武昌参加乡试。1664年,湖南从湖广省分离出来,成为独立的行省,但是科举考试却仍然保持着南北合闱的局面。清代湖南较之湖北,经济、文化比较落后,士子的文化素质也较为逊色,加之湖南士子远道而来,舟车劳顿,耗费巨大。这对出身寒微的士子来说不仅是沉重的心理压力,而且是巨大的经济压力。尤其是横亘在湖南、湖北之间的洞庭湖的阻隔,使得去往武昌参加乡试的路途被很多士子视为畏途。因此,湖南士子参加考试的积极性不高。"湖水浩瀚无涯,波涛不测,六七月间,风浪尤险,间有覆溺之患。"[1] 虽然湖南士子皓首穷经,但是大多数人最终却在洞庭湖前裹足不前,无缘乡试,甚至出现了有一年几乎面临零录取的尴尬局面。杨昌济即指出:"以前科举时代,南北合闱,湖南士子,惮泛重湖,赴试者少,获隽亦难。有一年仅有一人中试,当时巡抚特加宠异,赠以'一鹗横秋'之匾。风气闭塞,人才寥落,可想而知。"[2] 因此,南北合闱期间,中举士子多是湖北人。据统计,有明一代,湖广省共举行乡试63次,湖南士子共中举1944人,湖南中额只占湖广省的36%,湖南士子在湖广省乡试中处于明显的劣势[3]。

清代初年湖南历任地方官员也意识到洞庭险远有碍湖南士子参试。他们也不断向朝廷上书,请求南北分闱:"康熙四十四年巡抚赵申乔,五十一年巡抚潘宗洛,以洞庭险远叠请分闱,五十五年巡抚李发甲三疏题请,俱格部议。五十九年编修吕谦恒典试湖广,以湖南文风日盛,远隔洞庭,理宜分闱具奏。至雍正元年,

---

[1] 沈云龙主编:《近代中国史料丛刊》,台湾文海出版社1987年版,第763—764页。
[2] 彭大成:《清朝两湖"南北分闱"与湖南人才之兴起》,湖南师范大学文学院编《湖湘文化论集》(上),湖南师范大学出版社2000年版,第192页。
[3] 阳信生:《湖南近代绅士阶层研究》,岳麓书社2010年版,第53页。

谦恒改官御史，又奏夏秋之交，洞庭泷涛壮猛，湖南士子苦遭覆溺，请分设棘闱。"① 雍正二年（1724 年），湖南、湖北分开考试，湖南省第一次在长沙贡院举行了乡试，南北分闱终于成为现实。南北分闱减轻了湖南士子参加乡试的经济负担和心理压力，同时也议定了湖南乡试中举的具体名额。据《清朝文献通考·选举考》记载，南北分闱后议定乡试时湖北中式 50 名，副榜 10 名；湖南 49 名，副榜 9 名；武举各 25 名。举额的固定，拓宽了湖南士子的进身之路。由此，南北分闱之后，湖南士子只需到长沙即可参加乡试，交通非常便利，加之乡试中举有定额，湖南士子参加乡试的积极性和科举功名进取心大为增加，此后越来越多的湖南士子投入科举考试之中。

南北分闱也在客观上带动了湖南地区教育事业的发展和进步，促进了湖南人才群体的兴盛和文化家族的崛起。清代湖南很多的文化家族都形成于南北分闱之后，文化家族中很多人都有着科举功名。如：安仁欧阳家族的欧阳厚均为嘉庆四年进士，其子孙后代也书香不断；善化贺氏家族中的贺长龄、贺熙龄、贺桂龄兄弟，分别为嘉庆、道光年间进士；湘阴李氏家族的李星沅、李杭父子则同为道光年间进士；益阳胡氏家族的胡达源为嘉庆二十四年殿试探花、胡林翼为道光十六年进士。善化唐氏家族的唐仲冕为乾隆五十八年进士、唐鉴为嘉庆十四年进士。

动荡的社会现实成为激发清代湖南文化家族繁荣兴盛的历史契机。镇压太平天国运动客观上使得湖南文化家族大量涌现，繁荣兴盛。1851 年，洪秀全发动了金田起义。太平天国运动发展迅速，洪秀全带领太平军，转战华南华中，攻城略地，席卷了大半个中国。1853 年 3 月，太平军攻占了长江重镇金陵（今南京），宣

---

① 李瀚章、裕禄等：《光绪湖南通志》，岳麓书社 2009 年版，第 2793 页。

布定都金陵，并将之改名为天京，正式建立了与清王朝相对峙的太平天国农民政权，以此作为根据地长达十一年之久，直到1864年7月湘军攻破天京，轰轰烈烈的太平天国运动才宣告结束。

太平天国运动兴起后，清朝正规军望风披靡，无法抵御。清朝统治风雨飘摇之际，清廷深感兵力不足，饬令各省举办团练。1853年，因母丧回乡守制的曾国藩奉命帮湖南巡抚张亮基督办湖南团练。后来，曾国藩认为团练不足恃，决心组建一支新的军队，湘军应时而生。随着湘军的崛起，湖南在全国的地位也明显出现了一个从边缘到中心的过程。在此过程中，许多湖南士人的心态和观念发生了变化。他们由区域学子转变为天下之士，其眼光和责任感也由地方而转向对全国的关怀和忧虑。戊戌时《湘报》撰稿人杨笃生说："咸同以前，我湖南人碌碌无所轻重于天下，亦几不知有所谓对于天下之责任。知有所谓对于天下之责任者，当自洪杨之难始。"① 面对太平天国运动，曾国藩认为："举中国数千年礼仪人伦、诗书典则，一旦扫地荡尽。此岂独我大清之变，乃开辟以来名教之奇变，我孔子、孟子之所痛哭于九原！凡读书识字者，又乌可袖手安坐，不思一为之所也！"② 湘军以书生领兵，以曾国藩为代表的湘籍官绅士大夫以章句之儒历兵戎而成悍将，并以军功跻身清王朝的封疆大吏、枢机要员之列。曾国藩、左宗棠、胡林翼、郭嵩焘等湖南文化家族的代表人物正是由此在清代的政治体制中占据了举足轻重的位置。无怪乎在太平天国战争时仪征人张集馨感慨："楚省风气，近年极旺，自曾涤生领师后，概用楚勇，遍用楚人。各省共总督八缺，湖南已居其五；

---

① 杨笃生：《新湖南》，张枬、王忍之编《辛亥革命前十年间时论选集》第1卷（下），生活·读书·新知三联书店1960年版，第618页。
② 曾国藩：《曾国藩全集》第14册诗文，岳麓书社1986年版，第232页。

直隶刘长佑、两江曾国藩、云贵劳崇光、闽浙左宗棠、陕甘杨载福是也。巡抚曾国荃、刘蓉、郭嵩焘皆楚人也,可谓盛矣。至提镇两司,湖南北者,更不可胜数。曾涤生胞兄弟两人,各得五等之爵,亦二百年中所未见。"① 可以说,太平天国战争使大批湘籍官绅进入了传统政治体制的核心层,改变了传统政治体制的内部构架,对后来中国历史的发展有着深远影响。同时,太平天国运动也在客观上使得湖南人才集中涌现,文化家族数量迅速增长,影响力进一步扩大,成为其走向繁荣兴盛的重要契机。湖南也因此而成为清代中晚期中国文化家族力量最强、影响最大的地区之一。

总之,南北分闱为湖南人才群体的兴盛和文化家族的崛起奠定了良好的基础,而太平天国运动则为湖南人才群体和文化家族登上历史政治舞台提供了千载难逢的契机,从而使得湖南文化家族在近代中国历史上书写了浓墨重彩的一笔。

第三节 湖南的人文传统

一个地区的人文传统是该区域内民众世代相传的生活态度、价值观念、文明素养、道德理想、精神价值与共同追求,是地区文化的灵魂。湖南地区丰富的家训文化、共生的家族联姻、注重母教的传统、良好的厚重的书院文化等人文传统的综合作用促成了湖南文化家族的形成和发展。

丰厚的家训文化丰富了清代湖南文化家族繁荣兴盛的传统内涵。清代湖南出现了很多传承久远的文化家族,其能维系长久繁荣的成功秘诀之一在于他们能恪守家族先辈们遗留下来的家训。

---

① 张集馨:《道咸宦海见闻录》,中华书局1981年版,第377页。

"天下之本在国，国之本在家。"无论是在家国同构的古代封建社会，还是在追求和谐发展的当代中国，家庭始终是人安身立命之所，是社会的重要基石，更是构成社会最小的细胞。《礼记·大学》曰："古之欲明明德于天下者，先治其国；欲治其国者，先齐其家。"① 因此，从古至今，中国的家庭历来都有着重视家族子孙教育的优良传统，家训文化成为极具中国特色的宝贵文化遗产。文化家族一直都高度重视以"整齐门内，提撕子孙"为宗旨的家训文化。这些家训凝聚了家族先辈们宝贵的人生经验，倾注了家族先辈们大量的心血和希望，指引着家族后人规避风险走向成功，从而延续了家族一代又一代的昌盛和辉煌。

明末清初的大儒王夫之不仅认识到了家训家教的重要性，而且对衡阳王氏家族的家风家训也颇引以为豪。他在《耐园家训跋》中深情写道："吾家自骁骑公从邗上来宅于衡，十四世矣。废兴凡几而仅延世泽，吾子孙当知其故：醇谨也，勤敏也。乃所以能然者何也？自少峰公而上，家教之严，不但吾宗父老能言之，凡内外姻表交游邻里，而皆能言之。"② 在这样的家教家训熏陶教导下，王夫之的两个叔叔都成为郡文学；他的父亲王朝聘也博览群书，知识广博；王夫之在十六岁应试即夺得衡郡一等第一名，二十四岁登湖广壬午科《春秋》第一。王夫之的儿子王敔也富有文才，有诸文存世。

益阳胡氏家族的家训在湖南文化家族的家训中最为系统全面。胡达源在道光八年出任贵州学政，为教育家族子弟，整饬士风，培育人才，写下了《弟子箴言》一共十六卷，分为奋志气、勤学问、正身心、慎言语、笃伦纪、睦族邻、亲君子、远小人、明礼教、辨义利、崇谦让、尚节俭、儆骄惰、戒奢侈、扩才识、

---

① 陈戌国点校：《四书五经》，岳麓书社1991年版，第661页。
② 阳建雄校注：《〈姜斋文集〉校注》，湘潭大学出版社2013年版，第120页。

第一章 清代湖南文化家族的生成土壤

裕经济等专题。胡达源的《弟子箴言》对其家族子弟和清代后期的中兴名臣都产生了重要影响。胡林翼受父亲胡达源言传身教和《弟子箴言》的影响，重视立德修身，官至湖北巡抚，成为一代清官廉吏。曾国藩对《弟子箴言》揣读详细且评价颇高："国藩实尝受而读之。自洒扫应对，以及天地经纶、百家学术，靡不毕具。甄录古人嘉言，衷以己意，辞浅而旨深要。"①

双峰曾氏家族的家训极具实践性而且富有传承性。曾国藩的曾祖父竟希公和祖父星冈公对子弟提出了"早起"的要求；星冈公还总结出了"早扫考宝书蔬鱼猪"八字家训；曾国藩的父亲竹亭公用对联的形式写成家训："有子孙，有田园，家风半耕半读，但愿箕裘承祖泽；无官守，无言责，世事不闻不问，且将艰巨付儿曹。"曾国藩把星冈公的八字家训又概括为"八本"："读书以训诂为本，作诗文以声调为本，事亲以得欢心为本，养身以戒恼怒为本，立身以不妄语为本，居家以不晏起为本，作官以不要钱为本，行军以不扰民为本。"②并要求兄弟子侄远绍祖德，重视家教，成为贤才："家中要得兴旺，全靠出贤子弟，子弟不贤不才，虽多积银、积钱、积谷、积产、积书、积衣，总是枉然。子弟贤否，六分本于天生，四分由于家教。"③

湘阴左氏家族也非常重视用家训来教育家族子弟。左氏家族是一个书香门第，左宗棠祖上七代都是秀才，左宗棠不仅自己深受耕读家风的影响，而且也非常重视对子女的家庭教育，要求子弟以耕读为业，务本为怀，以期能够延绵世泽，光大门第。他在光绪二年（1876年）给孝宽、孝勋、孝同三个儿子的家书中写

---

① 曾国藩：《箴言书院记》，《曾国藩全集·诗文》，岳麓书社1986年版，第268页。
② 曾国藩：《曾国藩全集·家书一》，岳麓书社1985年版，第653页。
③ 曾国藩：《曾国藩全集·家书二》，岳麓书社1985年版，第1307页。

道:"子孙若能学吾之耕读为业,务本为怀,吾心慰矣。若必谓功名事业高官显爵无忝乃祖,此其可期必之事,亦岂数见之事哉?或且以科名为门户计,为利禄计,则并耕读务本之素志而忘之,是谓不孝矣。"① 希望子孙后代能够继承自己的志向,看淡功名利禄。在左宗棠"耕读寒素"家训思想的影响下,他的儿子左孝威、左孝同为官有政声;他的四个女儿孝瑜、孝琪、孝琳、孝瑸知书达理,都有诗集传世;他的侄儿左潜成为有名的数学家,曾孙左景伊成为中国防腐工程学的开创者和奠基人。

共生的家族联姻缔结了清代湖南文化家族繁荣兴盛的门第现象。在中国封建时代,门当户对是择偶所考虑的一个重要原则。古代社会中的家长总是倾向于为子女选择经济条件和社会地位相当的配偶。《礼记·昏义》称:"昏礼者,将合二姓之好,上以事宗庙,而下以事继后世也。"② "合二姓之好"是指以婚姻结合在一起的两个不同姓氏的男女,他们身后的家族集团由此而产生联系。文化家族也非常重视家族之间婚姻关系的缔结,缔结婚约甚至成为加强家族结盟的一种策略。正如恩格斯所说:"结婚是一种政治的行为,是一种借新的联姻来扩大自己势力的机会,起决定作用的是家世的利益,而绝不是个人的意愿。"③ 文化家族之间一旦缔结婚姻,不仅使得婚姻关系稳固和谐,而且也可以扩展和加强文化家族之间的社会关系网络,保持家族优良的文化基因。潘光旦的《中国伶人血缘之研究·明清两代嘉兴的望族》特别留意"人才"问题,作为人才渊薮的嘉兴,为其深入探究提供了丰富的文献资源。他的研究并不停留在呈现层面,而是重在探究人才形成的机制。嘉

---

① 左宗棠:《左宗棠全集》第13册,岳麓书社2009年版,第173页。
② 陈戍国点校:《四书五经》,岳麓书社1991年版,第665页。
③ 《马克思恩格斯选集》第四卷,中共中央马克思恩格斯列宁斯大林著作编译局编译,人民出版社2012年版,第89页。

第一章 清代湖南文化家族的生成土壤

兴人文兴盛的原因，婚姻的类聚之功也是重要的原因之一。

> 婚姻能讲类聚之理，能严选择之法。望族的形成，以至于望族的血缘网的形成，便是极自然的结果。因为所聚与所选的，大处看去是人，小处看去，还不是许许多多遗传与环境所造成的优良品性么？这种类聚与选择的手续越持久，即所历的世代越多，则优良品性的增加，集中，累积，从淡薄变作醇厚，从驳杂变作纯一，从参差不齐的状态进到比较标准化的状态，从纷乱、冲突、矛盾的局面进到调整、和谐的局面——也就越进一步，而一个氏族出生人才的能力与夫成为一乡一国之望的机会也就越不可限量。①

家族联姻也是湖南文化家族的现实考虑和长远打算。清朝建立以后，由于前几代统治者励精图治，文教更为兴盛，社会更加富庶，人口也更为增多。湖南也因此出现了较多的文化家族，不同的文化家族以通婚为基础，在人际关系和文化交往上产生了更为密切的联系，形成了交叉勾连的状态，就有可能建立一个更大的社会组织结构，从而在客观上促进文化家族的历史延续。清代湖南文化家族繁盛，文化家族之间的联姻类聚功能也功不可没。湖南文化家族中的文化精英，在自己和子女儿孙的婚姻选择上，更愿意选择门望相当的家族的子女。因为门望在某种程度上是品质的一个间接保障。只要门当户对，发生大毛病的概率一般也不会很大。他们的婚姻选择既是夫妻情投意合的现实考虑，也是为未来后代子孙继承优良品性的长远打算。因此，他们之间的婚姻行为在"好合二姓"

---

① 潘光旦：《中国伶人血缘之研究·明清两代嘉兴的望族》，商务印书馆2015年版，第390页。

"以继后世"的社会意义之外，也在客观上促进了文化家族的历史延续，表现出了强烈的文化意义。文化家族之间的婚姻缔结密切了文化家族之间的人际交往，使得家族文学和文化的传承传播有了更大的自然空间和更好的人文环境。兹据徐雁平《清代文学世家姻亲谱系》将湖南文化家族姻亲关系整理如下。

清代湖南文化家族姻亲关系一览①

家族	姓名	娶适	家族	姓名
益阳胡氏	胡达源子胡林翼	娶	安化陶氏	陶澍女陶琇姿
	胡林翼子胡子勋	娶	安化陶氏	陶澍孙女陶和贞
湘阴左氏	左宗棠	娶	湘阴周氏	周诒端
	左宗棠姊左寿贞	适	湘潭周氏	周系蕃
	左宗棠女左孝琳	适	湘潭黎氏	黎氏
	左宗棠女左孝瑜	适	安化陶氏	陶澍子陶桃
	左宗棠女左孝瑸	适	湘潭	周翼标
	左宗棠孙左念康	娶	湘阴	杨石泉孙女杨延年
	左宗植女	适	长沙	陈本钦子陈乃瀚
	左宗植女	适	巴陵	方宗钧子
	左宗植孙女、左澂女左颖苏	适	安化	陶桃子陶益谦
湘阴郭氏	郭嵩焘子郭刚基	娶	湘乡	曾国藩女
	郭嵩焘女	适	湘阴	左宗植子左浑
湘阴李氏	李星沅	娶	湘潭郭氏	郭汪璨女郭润玉
	李星沅妹李星池	适	长沙	杨诗塼
	李星沅子李杭	娶	湘潭	郭如翰女郭秉慧
	李星沅子李桱	娶	益阳	汤鹏女
	李星沅子李桓	娶	长沙	周鸣鸾女
	李星沅女李楣	适	道州	何绍基子何庆青
	李桓女	适	善化	周声洋

---

① 据徐雁平《清代文学世家姻亲谱系》（凤凰出版社2010年版）整理。

第一章 清代湖南文化家族的生成土壤

续表

家族	姓名	娶适	家族	姓名
长沙郑氏	郑敦允	娶	安仁	欧阳厚均女
	郑敦允子郑先朴	娶	善化	贺熙龄女
	郑先朴子郑业敦	娶	善化	唐尔羹女
	郑先朴女	适	安化	黄雨田子黄自元
	郑先朴女	适	攸县	余世棨子余授功
	郑先朴女	适	安化	陶淑孙、陶桄子陶煌
	郑敦允曾孙女、郑先械孙女	适	安化	陶煌子陶叔惠
	郑业敦子郑沅	娶	安化	黄德濂曾孙女、黄镇元女
长沙杨氏	杨诗墫	娶	湘阴	李星沅妹李星池
	杨诗墫女杨书蕙	适	湘阴	刘俊章
	杨诗墫女杨书兰	适	不详	周瀚本
长沙陈氏	陈本钦子陈乃瀚	娶	湘阴	左宗植女
长沙瞿氏	瞿鸿子瞿宣颖	娶	衡山	聂缉椝女聂其璞
善化周氏	周声洋	娶	湘阴	李桓女
	周声洋子周世楠	娶	道州	何绍基曾孙女、何庆涵孙女、何维棣女
	周声洋女	适	善化	贺长龄曾孙、贺克绳子贺家声
善化贺氏	贺熙龄子贺毅	娶	安化	陶澍女陶琪姿
	贺长龄女	适	湘乡	曾国藩子曾纪泽
	贺熙龄女、贺长龄侄女	适	长沙	郑敦允子郑先朴
	贺长龄曾孙、贺克绳子贺家升	娶	善化	周声洋女
	贺熙龄曾孙女、贺汝定女	适	安化	陶煌子陶宪曾
善化唐氏	唐仲冕子唐鉴	娶	宁乡	王人作女
	唐仲冕子唐镊	娶	宁乡	黄灿女
	唐仲冕孙唐尔羹	娶	善化	贺熙龄女
	唐鉴侄孙女、唐尔羹女	适	长沙	郑先朴子郑业敦
善化黄氏	黄兆麟子黄荣寿	娶	善化	张星焕孙女张云辉
宁乡黄氏	黄本骥	娶	龙阳	陈梅仙
	黄本骥女黄婉璐	适	浏阳	欧阳道济

续表

家族	姓名	娶适	家族	姓名
宁乡程氏	程惠吉子程荣寿	娶	长沙	彭舒尊女
	程荣寿侄女	适	善化	黄式度子黄仁淑
湘潭周氏	周系舆	娶	湘潭	左宗棠外姑王慈云
	周系蕃	娶	湘潭	左宗棠姊左寿贞
	周系英子周贻朴	娶	安化	陶澍女陶瑞姿
	周系舆女周诒端	适	湘阴	左宗棠
	周系舆女周诒繁	适	湘潭	张声玠
	周诒昱女周翼杶	适	长沙	徐树禄
	周诒昱女周翼枃	适	湘潭	黄光焘
	周蔚之女周挚	适	湘潭	罗汝怀
	周翼标	娶	湘阴	左宗棠女左孝瑸
湘潭郭氏	郭赞贤女郭佩兰	适	湘潭	王德立
	郭汪璨女郭润玉	适	湘阴	李星沅
	郭汪璨女郭漱玉	适	衡山	罗享鼎
	郭汪璨女	适	长沙	李兴谟
	郭润玉侄女郭秉慧	适	湘阴	李星沅长子李杭
湘潭王氏	王德立	娶	湘潭	郭赞贤女郭佩兰
	王德立女王继藻	适	长沙	刘曾鏊
湘潭杨氏	杨度妹杨庄	适	湘潭	王闿运子王代懿
湘乡曾氏	曾纪泽	娶	湘乡	刘蓉女
	曾纪泽	娶	善化	贺长龄女
	曾国藩女曾纪芬	适	衡山	聂缉椝
	曾国藩女	适	湘阴	郭嵩焘子郭刚基
	曾国藩女	适	湘潭	袁芳瑛子袁秉桢
	曾国藩女	适	湘乡	罗泽南子罗兆升
	曾国藩女曾纪耀	适	善化	陈岱云子陈松生
	曾纪鸿子曾广钧	娶	长沙	唐树楠女
	曾纪鸿子曾广钧	娶	长沙	华金婉
	曾纪鸿子曾广镕	娶	安化	黄自元女
	曾纪泽子曾广铨	娶	平江	李元度女

第一章 清代湖南文化家族的生成土壤

续表

家族	姓名	娶适	家族	姓名
安化黄氏	黄雨田女	适	善化	贺熙龄孙、贺瑗子贺汝定
	黄自元子黄传学	娶	安化	陶煌女陶畹滋
	黄自元女	适	湘乡	曾纪鸿子曾广镕
安化陶氏	陶澍子陶桄	娶	湘阴	左宗棠女左孝瑜
	陶澍女陶瑞姿	适	湘潭	周系英子周贻朴
	陶澍女陶琀姿	适	长沙	彭永思子彭申甫
	陶澍女陶璡姿	适	善化	贺熙龄子贺毅
	陶澍女陶琇姿	适	益阳	胡达源子胡林翼
	陶澍女陶瑞姿	适	长沙	陈岱霖子陈彬绥
	陶桄子	娶	湘阴	左浑侄女
	陶桄子陶煌	娶	长沙	郑敦允孙女、郑先朴女
	陶桄子陶履谦	娶	长沙	黄冕孙女、黄济女
	陶桄子陶益谦	娶	湘阴	左宗植孙女、左澂女左颖荪
	陶桄女陶纯真	适	攸县	龙汝霖子龙璋
	陶桄女陶敬仪	适	湘阴	左孝威子左念谦
	陶桄女陶和贞	适	益阳	胡林翼子胡子勋
	陶煌子陶宪曾	娶	善化	贺熙龄曾孙女、贺汝定女
	陶煌子陶叔惠	娶	长沙	郑敦允曾孙女、郑先械孙女
	陶煌女陶益滋	适	善化	黄应泰子黄镜涵
	陶煌女陶畹滋	适	安化	黄自元子黄传学
	陶懋谦子陶兰荪	娶	攸县	龙汝霖孙女、龙璋女
衡山聂氏	聂缉椝	娶	湘乡	曾国藩女曾纪芬
	聂缉椝女聂其璞	适	长沙	瞿鸿禨子瞿宣颖
攸县龙氏	龙汝霖子龙璋	娶	安化	陶桄女陶纯真
	龙汝霖孙女、龙璋女	适	安化	陶懋谦子陶兰荪
道州何氏	何绍基弟何绍闻	娶	道州	陈学奎孙女
	何绍基子何庆清	娶	湘阴	李星沅女
	何维棣女	适	善化	周声洋子周世树

· 39 ·

家族联姻有利于文化家族的历史延续和地域文化的形成。文化家族之间的婚姻缔结,从社会文化学的角度看,是家族与家族间在文化上的一种门当户对。这种文化上的门当户对,对文化家族的传承和延续具有至关重要的作用与积极的意义。潘光旦先生称:"大率一姓之中,一门之内,不出人物则已,出则往往二三人以上,甚至或至数十人,古者称君子之泽,五世而斩,而当门第婚姻盛行之时代,往往有积十数世而不败者;盖优越之血统与优越之血统遇,层层相因,累积愈久,蕴蓄愈深,非社会情势有大更变、大变动,有若朝代之兴替。不足以摧毁也。"① 湖南文化家族之间的联姻体现了重视文化门第的观念。湖南文化家族之间通过联姻的形式产生了血缘关系,双方家族在婚姻关系的缔结过程中考量的关键因素是家族的文化素养,这是家族文化积累沉淀的结果。据《湖南历代妇女著述考》一文记述:"湘潭郭氏、周氏、湘阴左氏、李氏、长沙杨氏之间互相联姻。"② 郭氏、周氏、左氏、李氏、杨氏等都是世世代代以诗书礼教传家、以风雅相教的文化家族,他们之间的联姻说明了文化家族坚定的文化取向和共同社会层次的深刻要求。清代湖南的世家大族正是在对这种取向和要求的不断追求中形成了生生不息的家族文化和湖南地域文化。

注重母教是清代湖南文化家族繁荣兴盛的又一保障。清代湖南文化家族普遍重视母教,督子课读、考取功名成为女性的重要任务。在中国传统社会中,母亲的生活范围大多局限于家庭之内,形成了"男主外,女主内"的传统局面。但由于士人为了功名或谋生不得不离家"外游",诸如游学、教馆、游

---

① 潘光旦:《潘光旦文集》第8卷,北京大学出版社2000年版,第265页。
② 寻霖:《湖南历代妇女著述考》,《图书馆》1998年第2期。

幕等，抚养和教育子女的责任大多落到了母亲的头上，她们在学业上教导子女，在为人处世上以身垂范，形成了"人子少时，与母最亲。举动善恶，父或不能知，母则无不知之，故母教尤切"①的现象。这就使得母教在对子孙后代的教育中显得特别重要。

  清代湖南闺秀文人所作的教子诗就反映了清代湖南的母教情况。在一个缺少文化素养的家庭，较少接触到社会文化教育的女性几乎不可能成为一个诗人。闺秀文人的出现说明闺秀文人的家族文化因素对其进行文学创作的影响和作用；闺秀文人对子女进行抚养和教育，其所受到的文化教育就通过母教的形式，潜移默化地作用到了子女身上。《沅湘耆旧集》录存清代湖南女诗人75人；《湖南女士诗钞所见初集》录存清代湖南女诗人131家，近2000首诗歌，其中不少就是教子诗。如湘潭人王湘梅，为道光己丑进士、攸县人夏恒的继室，湘梅作为继母，对待丈夫前妻的儿子视同己出，谆谆教诲。《勖迪儿》："汝父走四方，属予相导诱。汝当童稚年，姿秉亦非丑。学海浚源泉，心田去稂莠。……日求一日功，功积自然厚。日与群儿嬉，嬉罢亦何有。男儿志远大，立身贵勿苟。世业递流传，析薪要荷负。汝父他日归，毋使母引咎。"②又如湘潭人张氏，号九滋女史，嫁与同邑石某，张氏的父亲张昆石是雍正癸丑进士。张氏不仅以孝顺远近闻名，而且诗歌清丽有则。她身为女子，不能像男子一样考取功名，深以为憾，尝有诗云："笔墨纵能齐柳絮，功名终不到钗裙。"③她把希望寄托在儿子身上，作《示儿》劝勉其子爱惜光阴："每思身世便凄

---

① 蓝鼎元：《女学》，清康熙五十六年刻本，卷三。
② 贝京校点：《湖南女士诗钞》，湖南人民出版社2010年版，第136页。
③ 贝京校点：《湖南女士诗钞》，湖南人民出版社2010年版，第17页。

然，苦为儿曹事事牵。年少可能期紫绶，家贫莫漫弃青毡。为怜婚嫁初完日，已是春秋欲暮年。大块光阴须爱惜，休将事业让前贤。"① 再如武陵人严氏，她苦口婆心，作《遣子省翁，作诗勖之》告诫儿子不要以家贫悲伤，要勤奋努力考取功名："多年贫篓不须悲，子在家时已自知。薄粥近来犹费力，赁居今日更难支。坚贞静守三从义，辛苦拼成两鬓丝。一片冰心死相待，望儿早折桂林枝。"②

  清代湖南文化家族也非常重视母教。注重母教，是清代湖南文化家族能够保持繁荣昌盛的重要因素。湘阴郭氏家族郭嵩焘、郭昆焘、郭仑焘三兄弟并称"湘阴郭氏三杰"，郭氏兄弟的成功离不开母亲的教诲。郭嵩焘在《仲弟樗叟家传》中记载了母亲对二弟郭昆焘的幼年教育："生二岁，母张太夫人教之识字。所携玩具：一破砚及诸断缣碎简，不与群儿嬉戏。"③ 以湘潭郭氏家族郭步韫为代表的闺秀诗人群体也非常重视母教。郭步韫在丈夫去世后带着年幼的子女寄居娘家，并毕生以诗教其侄女、侄孙女，使得郭氏家族才女频出，佳作屡现。郭润玉在《独吟楼诗序》说："吾家诗事以姑祖母为先导，一传而至两姑母，再传而至诸姊妹，皆嗜诗共性成焉者。"④ 又如郭步韫的侄孙女王继藻，字浣香，自幼受母亲的训导，熟读六经，旁涉子史，著有《敏求斋诗》。在母亲的言传身教下，王继藻出嫁后也非常重视对子女的教育。她在《勖恒儿》中曰："妇人无能为，所望夫与子。抚子得成立，私心窃自喜。望子修令名，书香继芳轨。……男儿当自

---

① 贝京校点：《湖南女士诗钞》，湖南人民出版社2010年版，第18页。
② 贝京校点：《湖南女士诗钞》，湖南人民出版社2010年版，第22页。
③ 郭昆焘：《郭昆焘集》，岳麓书社2011年版，第13页。
④ 王勇、唐俐：《湖南历代文化世家·四十家卷》，湖南人民出版社2010年版，第376页。

强，立志在经史。或可光门闾，得以承宗祀。负荷良非轻，毋遗先人耻。力学不早图，悔之亦晚矣。"① 戒子诗充分体现了王继藻强烈的家族传承意识和家族责任感。再如黄慈授，字莲卿，醴陵人，有《湘琳馆吟草》。她在《小住长沙，从子黄东璧来讯，于其别也，赠之以诗》中表达了对娘家侄儿学业的期望和对兄长的思念："长沙才子地，喜尔驻行旌。风月方年少，文章要老成。酒和双泪咽，江送一帆平。归去高堂问，为言我忆兄。"② 同时也体现了黄慈授的家族责任感和家族认同感。

厚重的书院氛围培育了清代湖南文化家族繁荣兴盛的人文沃土。教育兴，则人才兴。清代湖南人才辈出、文风鼎盛，这与湖南良好的教育发展情况密不可分。有清一代，特别是清代前期和中期，湖南社会稳定，经济发展，人口增加，教育事业也得到了更大的发展和繁荣，为大量杰出人才的涌现奠定了良好的基础，也为文化家族的形成提供了契机。

清代湖南教育事业取得了长足的发展，这主要体现在官学、私学和书院三个方面。和明代相比，清代湖南官学更加普及，书院更加发达，私学也更加普遍。据统计，清代湖南有府学9所，州学11所，厅学4所，县学62所。其中迁建、重建、增修的有府学8所，州学11所，县学55所；新创建府学1所，厅学4所，县学6所。清代还在湖南少数民族聚居地区采取了一些重教兴学的措施，入学时为苗瑶少数民族子弟特设名额，乡试时也采取另行录取和照顾名额的办法，促进了湘西偏远地区文化教育的发展。

清代湖南私学更加普遍。私学主要有家塾、村馆和门馆三种，富裕人家多设家塾；市井村落普遍设村馆；赋闲的知识分子

---

① 贝京校点：《湖南女士诗钞》，湖南人民出版社2010年版，第404页。
② 贝京校点：《湖南女士诗钞》，湖南人民出版社2010年版，第249页。

则开设门馆。私学教师中不少都是具有真才实学之人，且不乏名师硕儒，如王夫之晚年在隐居写作的同时也收徒讲学。不少名人学者，在致仕归里后也招徒讲学。清代湖南城乡各地都有私学，私学不仅培养了人才，而且成为湖南教育制度的重要组成部分，对普及教育、传播文化和培养人才发挥了积极的作用。

清代湖南书院发达。据统计，清代湖南书院多达276所[①]，数量仅次于浙江、四川、广东和江西。作为一种普及性的教学及研究机构，书院在清代已经遍及湖南城乡，完全融入民间社会。在清代官学已经沦为科举附庸的情况下，书院成为真正进行教学和学术研究的场所。如长沙岳麓书院、道州濂溪书院、桂阳鹿峰书院、长沙城南书院等都是当时具有较大影响力的书院。这其中长沙岳麓书院更是成为清代汉学研究的重要基地。岳麓书院历任山长如王文清、旷敏本、罗典、王先谦等都是清代著名的经学大师，其培养的岳麓书院生徒在科举考试中更是成绩突出，其中不少人都是湖南文化家族的著名代表人物。如道光五年（1825年）湖南省取举人145人，岳麓书院生徒中举49人，占比33.8%；道光十五年（1835年）湖南省取举人71人，岳麓书院生徒中举28人，占比39.4%。湖南文化家族中的著名代表人物如王夫之、陶澍、曾国藩、左宗棠、胡林翼等都曾在岳麓书院问学。清代湖南书院管理制度日趋完备，教学、祭祀、藏书和刻书的文化功能日益完善，书院的大量设立对湖湘文化理论高度的提升、湖湘文化的传播和湖湘士民文化素质的提高具有重要的推动和促进作用，对文化的传承有着重要的意义。

十年树木，百年树人。清代湖南教育事业的发展，迎来了清代湖南人才的大兴旺。据《湖南教育史》统计，清代湖南有进士

---

① 张楚廷、张传燧主编：《湖南教育史》，岳麓书社2008年版，第579页。

764人，在全国排名第13位。巍科人数（状元、榜眼、探花、传胪）20人，全国排名第7位。虽然清代湖南进士总数不是很靠前，但是作为一个人才群体，却显示出了强大的整体实力，在政治、经济、文化等方面取得了不俗的成绩。清代湖南进士中担任过总督、尚书、大学士的达14人，担任过巡抚、布政使、按察使、学政的有10余人，任六部侍郎、员外郎、郎中的达40余人。湖南文化家族中的陶澍、胡达源、胡林翼、曾国藩、陈鹏年、李星沅、何绍基、郭嵩焘、贺长龄等都是清代湖南进士群体的杰出代表。清代湖南举人总数在5000人以上，这一庞大的人才群体具备较高的学术素养，涌现出了一大批杰出之士，在政治、哲学、文化等方面也都卓有成就。湖南文化家族中的王夫之、李文炤、邓显鹤、左宗棠、欧阳辂等即是清代湖南举人群体中的佼佼者。

总之，文化家族的产生和形成并非易事，它的产生和形成虽然具有一定的偶然性，但是偶然性中也有着必然的因素，不仅需要稳定的社会环境、教育基础，而且需要家族几代人方方面面的努力。它是在一定的社会历史条件下，地理环境、社会结构、文化传统、政治状况等多种因素综合作用的结果。清代是湖南文化家族繁荣和鼎盛的时期，湖南文化家族作为清代社会的一个缩影，是当时中国社会生活中最具有活力的组成部分之一，同时也是清代湖南历史舞台上的一支重要力量，不仅推动了湖湘文化的形成和进一步发展，而且对湖南的政治、经济也产生了重要的影响。

第二章 清代湖南文化家族家训的文献梳理

清代是家训发展的鼎盛时期。之所以说是鼎盛期，是因为在这一时期不但各种形式的家训作品都得到了充分的发展，而且还出现了不少家训专书。再加之传统家族组织在清代日益完善，家谱中的家法族规也大量产生。为了对清代湖南文化家族家训有一个更全面的认识，本章对湖南文化家族家训进行梳理，并对其文体标志和特点加以分析。

第一节 家训的文体标志

湖南文化家族在清代正处于鼎盛时期，在长期的历史发展过程中，湖南文化家族不断沉淀、累积，产生了大量各具特色的家训作品，然而因为作者的习惯不同，家训文献的名称也各具特色。为了弄清楚哪些属于家训文献，兹对家训文献的文体标志进行梳理。

一 训

"训"成为一种教化文体和其意义关系密切。《说文》："训，说教也。"贺复徵曰："训之为言，顺也。教训之以使人顺从也。

第二章 清代湖南文化家族家训的文献梳理

故后世凡有所教者，皆谓之训。"①

"训"是家训文献最常见的名称，被誉为"家训之祖"的《颜氏家训》即以"训"为名。清代湖南文化家族的家训中不少就是以"训"命名。如：王介之《耐园家训》、郭家彪《训蒙真诠》、刘鉴《曾氏女训》、王之銶《闺训要纂》、龚生镐《益阳南峰堂龚氏家训》、隆德烈《邵阳隆氏家训》等。家训的内容多是训导之辞，如刘鉴《曾氏女训》中女范篇修身十课之第一课《严幼学》曰："昔所望与女子者，有韫棱之贞，无厉阶之失，议酒食、供祭祀、备缝纫而已。今则以国家之贫弱系人才之消长，用求正本清源之道，为强国保重之策，女子之责乃重矣。非藉图史之告戒，师保之裁成而克任其艰巨哉。斯幼学之不可不严也！昔宋儒言教女之道，六岁始习女红之小者；七岁诵读；九岁讲解亦小学、大学之次第也。但女子及笄，而字志学之年，已不若男子之宽展，又须为阃政之预备，故尤当及时努力以速其成。将来由女而妇，由妇而母，纵不足补偏救敝，而家庭之部署，亦必有可观也。"② 告诉族人教女之道的关键就是要严格幼学。

在以"训"命名的家训文献当中，有的也夹杂着部分"戒"和"禁"的内容。如隆德烈《邵阳隆氏家训》主要内容分别是：一曰孝父母；一曰和兄弟；一曰肃内外；一曰正名分；一曰睦宗族；一曰勤本业；一曰崇节俭；一曰戒嫖赌；一曰戒争讼；一曰禁丧歌；一曰邪说须禁；一曰鬼神当敬；一曰严比匪；一曰免催科等。十四个条目中既有"戒"的内容如"戒嫖赌""戒争讼"，又有"禁"的内容如"禁丧歌"。"禁丧歌"条曰："死丧之哀，

---

① 贺复徵编：《文章辨体汇选》卷四七二，《文渊阁四库全书》第1407册，第731页。
② 江庆柏、章艳超编：《中国古代女教文献丛刊》第15卷，北京燕山出版社2017年版，第24页。

情实迫切，恨不得起死回生。世俗无端设一种孝歌，名曰开丧。声非声，语非语，悲不悲，喜不喜，两两高唱互答，全不念及死者，竟以此属玩乐之场。且有酒有肉，吃得醉，笑傲高谈，极其闹热。即以此属孝子之能送死，不如是即闷坐无语，变卦生端问之于心，其亦忍乎？考之于古，亦有是礼乎？凡我族人，能羞此否？"① 告诉家族子孙在丧礼上唱丧歌既不符合礼的要求也没有念及死者，应该予以禁止。

二　戒和诫

"戒"本字即"诫"。明代徐师曾曾引字书曰："戒者，警敕之辞，字本作诫。"② 戒体文，本属于汉代皇帝诏令的一种，是对刺史、太守的诫敕。"《后汉书·光武帝纪上》'辛未，诏曰'。李贤注：'《汉制度》曰，帝之下书有四，一曰策书，二曰制书，三曰诏书，四曰诫敕……诫敕者，谓敕刺史、太守，其文曰：'有诏敕某官。'"③ "戒"作为家训文体的名称可以上溯到汉代。刘勰《文心雕龙·诏策》曰："戒者，慎也，禹称'戒之用休'。君父至尊，在三罔极。汉高祖之《敕太子》，东方朔之《戒子》，亦顾命之作也。及马援以下，各贻家戒。班姬《女戒》，足称母师矣。"④ 刘勰所列举的家戒作品全是汉代的，没有早于汉代的作品，这也说明戒体文作为家戒的称呼是在汉代开始和完成的。

"戒"和"诫"是清代湖南文化家族家训的又一种名称，如王

---

① 上海图书馆编：《中国家谱资料选编·家规族约卷上》，上海古籍出版社2013年版，第171页。
② 徐师曾著，罗根泽点校：《文体明辨序说》，人民文学出版社1982年版，第141页。
③ 汉语大词典编辑委员会编：《汉语大词典》，汉语大词典出版社1989年版，第15570页。
④ 王利器校笺：《文心雕龙校证》，上海古籍出版社1980年版，第135页。

第二章 清代湖南文化家族家训的文献梳理

夫之《传家十四戒》和《湘潭颜氏家诫》。"戒"和"诫"二者仅有字面上的差异。王夫之《传家十四戒》曰："勿作赘婿；勿以子女出继异姓及为僧道；勿嫁女受财，或丧子嫁妇，尤不可受一丝；勿听鬻术人改葬；勿作吏胥；勿与胥隶为婚姻；勿为讼者作证佐；勿为人作呈诉及作歇保；勿为乡团之魁；勿作屠人、厨人及鬻酒食；勿挟火枪弩网猎禽兽；勿习拳勇咒术；勿作师巫及鼓吹人；勿立坛祀山跳神。"① 连用十四个"勿"字告诫家族子孙不可做的十四件事，使得其具有很强的约束性。家戒多见于家谱之中，如欧阳民俊的《宁乡欧阳氏家戒》收录在《新修宁乡欧阳氏支谱》，毛际膺、毛祖文的《韶山毛氏家戒》收录在《韶山毛氏鉴公房谱》，潘荣瘅的《湖南潘氏家戒》收录在《潘氏重修族谱》，成康的《上湘成氏敬爱堂族戒》收录在《湘乡上湘成氏族谱》等。

家戒在形式上可以采用散体形式也可以采用韵体形式。部分家戒采用散体形式，语言并不注重押韵。如《湖南潘氏家戒》"再戒淫欲"条曰："淫为十恶之首，而寡欲为存心之要。卫灵公以淫败国，孔宁仪行父以淫丧家，嫪毒以淫亡身，历有明鉴矣。况寡欲多子，四字金针。好淫绝后，能不痛心。古称鲁男子柳下惠，坐怀不乱，流芳百世。吾族子孙，慎勿蹈为轻薄子见笑大方。为戒。"② 有的家戒则是韵体形式，句式整齐，音韵和谐。如《韶山毛氏家戒》"游荡"条曰："人有耳目，能听能睹。人有手足，有蹈能舞。具此官骸，不农不贾。饱食暖衣，逍遥过午。弃尔诗书，荒尔田圃。家计萧条，基业易主。自此嬉游，有玷尔祖。"③

---

① 王夫之：《船山全书》第十六册，岳麓书社1996年版，第367页。
② 上海图书馆编：《中国家谱资料选编·家规族约卷上》，上海古籍出版社2013年版，第1页。
③ 上海图书馆编：《中国家谱资料选编·家规族约卷上》，上海古籍出版社2013年版，第434页。

三 规和约

规为会意字。其字从夫,从见,意为从成年男子所见合乎法度会意。本义为法度、法则。《说文》:"规,有法度也。"《史记·司马相如列传·难蜀父老》:"必将崇论闳议,创世垂统,为万世规。"①

约为形声字。其字从糸,勺声。始见于战国文字。《说文》:"约,缠束也。"本义是缠束、捆缚。如《诗·小雅·斯干》:"约之阁阁。"因而也引申为约束、节制。汉代王褒以此为名作《僮约》,对奴仆进行种种约束规定。徐师曾曰:"按字书云:约,束也。言语要结,戒令检束皆是也。古无此体,汉王褒始作《僮约》,而后世未闻有继者。岂以其文无所施用而略之与?愚谓后世如'乡约'之类亦当仿此为之。庶几不失古意,故特列之以为一体。"②

清代湖南文化家族的家训也常以"规"和"约"来进行命名。以"规"为例,常用的有"宗规""家规""族规"。如皮恒昶的《常德府武陵县皮氏宗规》、龚生镐的《益阳南峰堂龚氏家规》、成康的《上湘成氏敬爱堂族规》等。"宗规""家规""族规"常常采用分条陈述的形式,有的甚至在名称上就有显著的标志和说明,如潘荣瘴的《湖南潘氏家规》,其在前言中曰:"家之有规,犹国之有制。制不定,无以一朝廷之趋;规不立,无以为弟子之率。兹著十条,以贻孙谋,以昭世德。"③ 在正文中,《湖南潘氏家规》依次从一存心,二修身,三敬祖先,四孝父母,五

---

① 李学勤:《字源》,天津古籍出版社 2013 年版,第 920 页。
② 《文章辨体汇选》卷五一,《文渊阁四库全书》第 1042 册,第 273 页。
③ 上海图书馆编:《中国家谱资料选编·家规族约卷上》,上海古籍出版社 2013 年版,第 182 页。

敦手足，六正家室，七务耕读，八和族邻，九择师友，十维风俗等十个方面进行训导。

清代湖南文化家族的家训以"约"来命名往往称之为"家约"。如谭自钧《清浏谭氏家约》、胡晋荣《黔阳供洪乡石修胡氏家约》等。"家约"往往是采用分条陈述。如《清浏谭氏家约》有二十则，分别为：一孝父母，一友兄弟，一睦宗族，一和乡邻，一保祖坟，一正宗祀，一辨名分，一别男女，一课诵读，一勤耕织，一禁非为，一禁转房，一时祭祀，一演礼仪，一崇盛服，一尚严肃，一序昭穆，一宣条律，一谨登载，一守祖基。

需要注意的是，有的家族既有族规又有族约。族规和族约在字面上的含义差异不大，在书写形式上也都是采用分条陈述的形式，当其在不同的家族中呈现的时候在内容上会有许多相似甚至重合之处，但是当一个家族既有族规又有族约的时候，其在训诫内容上则有明显的区别和侧重。如上湘成氏家族订立的有《上湘成氏敬爱堂族规》和《上湘成氏敬爱堂族约》。《上湘成氏敬爱堂族规》为孝父母、崇节俭、睦邻里、慎交游、端术习、守法度、急公务、恤鳏寡等方面的规定，侧重修身方面的训诫。《上湘成氏敬爱堂族约》则为重生事、慎送死、成木主、修祠堂、祀春秋、置祭田、培祖山、封祖墓、崇族长、隆师长、举冠礼、尊婚礼等礼仪、礼节等方面的约定，侧重对宗族事务进行训诫。

四　其他名称

除了"训""戒""诫""规""约"等常见的家训文体标志外，家训文献还有常以"示""勖""寄""赠"等以及名称无标志只能从内容上进行辨析的家训文献。

"示"是象形字，最始见于甲骨文。"示"和"主"本是同一个字分化而来,"示"的甲骨文两旁的小点可能是表现祭祀时涂抹在神主上的血液。后来"示"字的引申义表示天所显现出来的某种征象,向人垂示休咎祸福。《说文》:"示,天垂象,见吉凶,所以示人也。"段玉裁注:"言天悬象著明以示人。"后来则进一步引申出"教导""示范"等多种含义。① 因此,"示"常被用来作为标志家训散体文和家训诗。家训散体文如郭昆焘《论居官十五则示儿子庆藩》曰:"人人以退让为贤,朝廷之设官,何为任事者?当官之责,斯世之所赖也。同僚之嫉忌,亦往往由此起焉。君子守道而已。道当任则任之,不以难自沮,亦不以能为其难自矜;当让则让之,不以能自炫,亦非以曲晦其能自藏。先贤有言:'廓然而大公,物来而顺应。'从古无避患之豪杰,亦无敛怨之圣贤。"② 家训诗如吴敏树《七月十二日携儿侄庆孙似孙雨孙西村观获,示之以诗》曰:"人生须饱腹,农事其本根。安坐而取食,愧耻曷可言。我曹蒙祖泽,以有此田园。儒衣吓乡里,道义未能敦。秋成属登稼,枷板响朝昏。闲携小儿子,观获前山村。割把汗流体,打取兼劳烦。岂敢惜艰苦,颗粒天地恩。儿曹嗜果饵,粗饭意不存。那知养命主,农夫尔宜尊。古人出躬耕,立功弥乾坤。游闲了一生,不如犬与豚。"③

"勖"是形声字。从力,冒声。本义是勉励。《说文》:"勖,勉也。"《书·牧誓》:"勖哉夫子!尔所弗勖,其于尔躬有戮!"④ "勖"常被用来标志戒子诗。如王湘梅《勖迪儿》:"汝非我所生,我实汝之母。汝父走四方,属予相导诱。汝当童稚年,姿秉亦非丑。学海浚源泉,心田去稂莠。家塾有经师,诗书相授受。精心

---

① 《字源》,第 3 页。
② 郭昆焘:《郭昆焘集》,岳麓书社 2011 年版,第 204 页。
③ 吴敏树:《吴敏树集》,岳麓书社 2012 年版,第 17 页。
④ 《字源》,第 1209 页。

索其义，疑难必分剖。光阴去如电，方辰忽已西。日求一日功，功积自然厚。日与群儿嬉，嬉罢亦何有。男儿志远大，立身贵勿苟。世业递流传，析薪要荷负。汝父他日归，毋使母引咎。"①

"寄"是形声字。从宀，奇声。本义是托付，委托。《说文》："寄，托也。"《论语·泰伯》："可以托六尺之孤，可以寄百里之命。"引申有传话、转告、赠予等意义。家训文献中，"寄"多用于家族中平辈间年龄大者对年幼者的告诫和嘱咐。如郭秉慧《寄春元弟》："寒风飒飒岁将残，无限离愁独倚阑。一语教君珍重记，萱堂早晚劝加餐。芸窗事业宜勤习，一寸光阴抵万金。万里青云鹏翼展，早将官诰慰亲心。"②

"赠"是形声字。从贝，曾声。本义指送给，赠送。"《广韵·嶝韵》：'赠，相送也。'《诗·郑风·女曰鸡鸣》云：'知子之来兮，杂佩以赠之。'"③家训文献中，"赠"也多用于家族中平辈间年龄大者对年幼者的赠语和嘱咐。如李星沅《赠别瀛秋弟》："临歧执手重徘徊，岁月堂堂老大催。莫任阮嵇生性懒，况从岭海壮游回。读书自戒无师学，经世当储有用才。小别止期各努力，明年望汝上金台。"④值得注意的是，李星沅在写诗给瀛秋弟进行劝勉的时候还有《梦瀛秋弟却寄》《示瀛秋、季眉两弟》两首诗，这说明家训文献中涉及兄长对弟妹的劝勉的时候"示""寄""赠"是可以通用的。

还有一些家训文献没有明显名称标志，需要从内容上进行辨析。如王继藻《励志诗》曰："初日自东出，流光忽西颓。花落不再开，水流无重回。丹漆苟不勤，负此桐梓材。虽有美淑姿，

---

① 贝京校点：《湖南女士诗钞》，湖南人民出版社2010年版，第136页。
② 贝京校点：《湖南女士诗钞》，湖南人民出版社2010年版，第478页。
③ 《字源》，第569页。
④ 李星沅：《李星沅集》，岳麓书社2013年版，第911页。

弃置同草莱。青春能几何，倏忽鬓毛催。少壮不努力，老大徒伤悲。天地既生我，当思以自强。父母既育我，当思令名扬。丈夫贵自立，七尺负昂藏。居多闲暇日，出多欢乐场。聪明无所成，日月去堂堂。少壮不努力，老大徒悲伤。"① 勉励家族子孙珍惜时光，勤奋学习以显亲扬名。虽然诗歌题目上没有明显的家训名称，但是从内容上也可以认定其是家训诗。

清代湖南文化家族的家书中有时也包含家训内容。家族成员的家训书信既有父祖对子孙，也有家长对家人的直接训示和教诲，还有兄长对弟妹的劝勉，更有夫妻之间的嘱托。这些家书没有任何名称标志，是否属于家训类家书，只能从书信内容上加以辨别。如：

澄侯四弟左右：

二十八日，由瑞州营递到父大人手谕并弟与泽儿等信，具悉一切。

六弟在瑞州办理一应事宜尚属妥善，识见本好，气质近亦和平。九弟治军严明，名望极振。吾得两弟为帮手，大局或有转机。次青在贵溪尚平安，惟久缺口粮，又败挫之后，至今尚未克整顿完好。雪琴在吴城名声尚好，惟水浅不宜舟战，时时可虑。

余身体平安，癣疾虽发，较之往在京师则已大减。幕府乏好帮手，凡奏折、书信、批禀均须亲手为之，以是未免有延阁耳。余性喜读书，每日仍看数十页，亦不免抛荒军务，然非此则更无以自怡也。

纪泽看《汉书》，须以勤敏行之。每日至少亦须看二十叶，不必惑于在精不在多之说。今日看半页，明日数页，又

---

① 贝京校点：《湖南女士诗钞》，湖南人民出版社2010年版，第402页。

明日耽搁间断，或数年而不能毕一部。如煮饭然，歇火则冷，小火则不熟，须用大柴大火乃易成也。甲五经书已读毕否？须速点速读，不必一一求熟，恐因求熟之一字，而终身未能读完经书。吾乡子弟，未读完经书者甚多，此后当力戒之。诸外甥如未读完经书，当速补之，至嘱至嘱。

……

国藩再叩①

曾国藩在咸丰六年十一月二十九日写给四弟的家书只有人称，没有标题，其是否为家训文献难以看出。但是其家信内容和四弟先谈及六弟、九弟和关系亲近的同僚的近况，然后又将自己的近况告知四弟，这些谈论家常内容不属于家训内容，但是在信后曾国藩谆谆告诫儿子纪泽看书的方法应"以勤敏行之"且"不必惑于在精不在多之说"，并旁及乡中子弟和诸外甥的读书学习情况和读书学习方法。因此，通过对内容的辨别，这封家信应该属于家训类家书。

总之，家训文献从名称上看一般有特定的文体称呼，这些称呼提示着该文献有着较为强烈的训示、劝勉内容。但是另一方面，部分文献完全没有或者没有明显的家训名称，我们也不能因此而囿于只看文献名称，还要在内容上仔细加以辨析。

第二节 家训的特点分析

清代是湖南文化家族家训发展的繁荣期。在清代近三百年的

---

① 曾国藩：《曾国藩全集·家书一》，岳麓书社1985年版，第335—336页。

历史发展中，湖南产生了数量众多的家训作品。家训的教化范围由家庭、家族扩展到宗族和乡村。家训中的教化思想，不但受到了家族教化者的重视，而且也引起了上层统治阶层的关注。现将清代湖南文化家族家训主要文献统计如下。

清代湖南文化家族家训主要文献

家训	作者	地域	出处	备注
耐园家训	王介之	衡阳	邗江王氏五修族谱	
丙寅岁寄弟侄	王夫之	衡阳	姜斋文集	
与我文侄	王夫之	衡阳	姜斋文集	
又与我文侄	王夫之	衡阳	姜斋文集	
与又重侄	王夫之	衡阳	姜斋文集	
与尔弼弟	王夫之	衡阳	姜斋文集	
示子侄	王夫之	衡阳	姜斋文集	
示侄我文	王夫之	衡阳	姜斋文集	
示侄孙生蕃	王夫之	衡阳	姜斋文集	
传家十四戒	王夫之	衡阳	船山公年谱	
读书吟示儿耆五首	魏源	邵阳	魏源全集	
家塾示儿耆六首	魏源	邵阳	魏源全集	
家塾再示儿耆六首	魏源	邵阳	魏源全集	
论读书五则示儿辈	郭昆焘	湘阴	郭昆焘集	
论书十六则示儿子庆藩	郭昆焘	湘阴	郭昆焘集	
论诗七则示儿子庆藩	郭昆焘	湘阴	郭昆焘集	
论居官十五则示儿子庆藩	郭昆焘	湘阴	郭昆焘集	
示儿子庆藩帖	郭昆焘	湘阴	郭昆焘集	
训蒙真诠	郭家彪	湘阴		蒙训
易氏家训	易贞言	湘乡		
弟子箴言	胡达源	益阳	胡达源集	
胡林翼家书	胡林翼	益阳	胡林翼集	
曾国藩家书	曾国藩	湘乡	曾国藩集	
曾国荃家书	曾国荃	湘乡	曾国荃集	

第二章 清代湖南文化家族家训的文献梳理

续表

家训	作者	地域	出处	备注
曾氏女训	刘鉴	长沙		女训
左宗棠家书	左宗棠	湘阴	左宗棠全集	
彭玉麟家书	彭玉麟	衡阳	彭玉麟集	
言行汇纂	王之铁	湘阴	五种遗规	
闺训要纂	王之铁	湘阴	五种遗规	女训
劝学浅语	李肖聃	善化	李肖聃集	
示瀛秋、季眉两弟	李星沅	湘阴	李星沅集	
赠别瀛秋弟	李星沅	湘阴	李星沅集	
贼退示子弟	周寿昌	长沙	周寿昌集	
送椿孙上学，口占示之	周寿昌	长沙	周寿昌集	
示儿孙辈	王文清	长沙	王文清集	
幼学口语	唐鉴	长沙	唐确慎公集	蒙训
七月十二日携儿侄庆孙似孙雨孙西村观获示之以诗	吴敏树	岳阳	吴敏树集	
偶成，示持谦持谨两儿	朱瑞妍（女）	邵阳	湖南女士诗钞	
遣了省翁，作诗勖之	严氏（女）	武陵	湖南女士诗钞	
训女钿	文先谧（女）	宁乡	尘奁遗草	
勖迪儿	王湘梅（女）	湘潭	印月楼诗词剩	
夜纺听外子读书	劳文桂（女）	长沙	湖南女士诗钞	
示儿	赵孝英（女）	常德	湖南女士诗钞	
示桐儿	黄庭淑（女）	湘乡	湖南女士诗钞	
示昌、锡两儿	郭友兰（女）	湘潭	咽雪山房诗	
励志诗	王继藻（女）	湘潭	敏求斋诗	
寄春元弟	郭秉慧（女）	湘潭	红薇吟馆遗草	
曾氏女训	刘鉴（女）	长沙	曾氏女训	
常德府武陵县皮氏宗规	皮恒昶等	常德	湖南常德府武陵县皮氏家谱 清道光八年两仪堂木活字本	
益阳南峰堂龚氏家规、家训	龚生镐	益阳	湖南益阳龚氏九修支谱 清宣统三年南峰堂木活字本	

· 57 ·

续表

家训	作者	地域	出处	备注
楚南云阳宁氏家规条例、家则	宁隆名	茶陵	茶陵云阳宁氏六修族谱 清道光二十八年成德堂木活字本	
宁乡涧西周氏规训	周德湛	宁乡	宁乡涧西周氏族谱 乾隆十四年松竹轩刻本	
上湘成氏敬爱堂族规、族约、族戒	成康	湘乡	湖南湘乡上湘成氏族谱 清乾隆十七年敬爱堂木活字本	
邵阳隆氏宗规、家训	隆德烈等	邵阳	湖南邵阳隆氏族谱 清乾隆四十年刻本	
湖南潘氏家规十条、家劝十条、家戒十条、家禁十条	潘荣瘅等	宁乡、湘潭、湘乡	潘氏重修族谱 清乾隆五十年木活字本	
株洲李氏家规、家训	李维富等	株洲	中湘株洲李氏支谱 清乾隆五十四年锦绣堂刻暨抄本	
长沙东海堂徐氏家训	徐万山等	长沙	徐氏家谱 清乾隆间东海堂刻本	
湘潭颜氏增修族谱家戒	颜国等	湘潭	颜氏族谱 清乾隆六十年木活字本	
湘潭石氏禁劝十七则	石培槐等	湘潭	石氏续修族谱 清嘉庆元年孝谨堂木活字本	
平江湛氏家训	湛宗久等	平江	湛氏族谱 清嘉庆三年豫章堂木活字本	
黔阳供洪乡石修胡氏家约、诫规	胡晋荣等	黔阳	黔阳供洪乡石修胡氏族谱 清嘉庆十五年木活字本	
清浏谭氏家约、家训	谭自钧等	浏阳	清浏谭氏五修族谱 清嘉庆十八年亲亲堂木活字本	

第二章 清代湖南文化家族家训的文献梳理

续表

家训	作者	地域	出处	备注
邵阳车氏家法	不详	邵阳	邵阳车氏宗谱 清嘉庆十八年木活字本	
宁乡欧阳氏家规、家戒	欧阳民俊	宁乡	新修宁乡欧阳氏支谱 清嘉庆十九年渤海堂刻本	
湘潭钱氏家规	钱彰珥	湘潭	钱氏三修族谱 清嘉庆二十三年彭城堂木活字本	
宁乡娄氏家训、家规	娄耀樽等	宁乡	娄氏族谱 清道光十三年木活字本	
湘乡黄塘陈氏家规、家训	陈廷柏等	湘乡	黄塘陈氏续修族谱 清道光十四年介福堂木活字本	
湘潭颜氏旧谱家规、禁议	颜怀宝	湘潭	颜氏续修族谱 清道光十八年元吉堂木活字本	
茶陵拱辰刘氏家规	不详	茶陵	拱辰刘氏七修族谱 清道光二十三年校书堂木活字本	
衡山罗氏北门房家规	罗莲之等	衡山	罗氏北门房四修族谱 清道光二十五年木活字本	
衡山石塘丁氏校经堂家训四则	丁惠和等	衡山	石塘丁氏校经堂四修族谱 清道光二十七年校经堂木活字本	
浏阳清河堂张氏家规十条	张振型等	浏阳	张氏支谱 清道光二十八年清河堂木活字本	
韶山毛氏议修房谱规条、家规、家劝、家戒	毛际膺、毛祖文	湘潭	韶山毛氏鉴公房谱 清同治七年西河堂木活字本	

· 59 ·

续表

家训	作者	地域	出处	备注
邵西罗氏规训	罗光琛等	邵阳	邵西罗氏二修族谱 清同治八年豫章堂木活字本	
宜章谷氏家训	谷表铎	宜章	谷氏族谱 清光绪二十七年木活字本	
长沙朱氏续增家训	不详	长沙	朱氏五修族谱 清光绪二十七年沛国堂木活字本	
湘阴狄氏家规	不详	湘阴	湘阴狄氏家谱 1938年本	
上湘龚氏家规	不详	湘乡	上湘龚氏支谱 1915年本	

清代湖南文化家族家训是中华优秀传统文化的一部分，它既具有中华优秀传统家训的共同特点，也具有自身独特的个性特点。

一 共性

（一）传承性

王长金教授在其《传统家训思想通论》一书中指出："中国传统家训自孔子到孙中山，数千年历史中历代家训都具有'传承性'，构成了一部完整的中国家庭伦理思想发展史。"① 正是因为家训具有"传承性"，湖南文化家族的家训才能代代相传，到今天仍然备受重视，给人启发。

家训的传承性体现在许多家训对先人前辈遗训的继承上。湘乡曾氏家族的家训就继承了先人的遗教，曾国藩经常称颂的"八字三不信"和"八好六恼"就是总结自祖父星冈公治家的经验和

---

① 王长金：《传统家训思想通论》，吉林人民出版社2006年版，第6页。

方法:"家中兄弟子侄,惟当记祖之八个字,曰'考、宝、早、扫、书、蔬、鱼、猪'。又谨记祖父之三不信,曰'不信地仙,不信医药,不信僧巫'……无论世之治乱,家之贫富,但能守星冈公之八字与余之八本,总不失为上等人家。"① "吾家代代皆有世德明训,惟星冈公之教尤应谨守牢记,吾近将星冈公之家规编成八句,云:'书蔬鱼猪,考早扫宝;常说常行,八者都好;地命医理,僧巫祈祷,留客久住,六者俱恼。'盖星冈公于地、命、医、僧、巫五项人进门便恼,即亲友远客久住亦恼。此八好六恼者,我家世世守之,永为家训,子孙虽愚,亦必略有范围也。"② 胡林翼在开导其妻弟陶少云时,也谆谆教导要求其以父亲陶澍为榜样,学习其读书、做人、居官、处事之法:"吾辈作人,总以保身读书四字,方能上对前人。岳父文毅公生前勋德在人,贻泽甚厚。弟若不学好,是为不肖;弟若专心致志,一意思学古人,则文毅裕后有人,吾弟一生福泽,亦正无量矣。此时惟有日侍诸母跟前听用,文毅公生前如何作人,如何居官,如何读书,如何处事之法,则孝思不匮,受福无穷。"③

家训的传承性还体现在许多家训对前贤先圣的精华言论的继承上。王介之在《耐园家训·弁言》中就表达了对司马光的《家范》和朱熹《朱子家礼》的推崇:"三代而下,鲜克言礼。唯涑水宗法,紫阳家礼,永为俎豆。两夫子本经济名儒,理学宗匠,且一则秉神哲之枢,金瓯全盛;一则立理宗之廷,牷玉文明,人慕夔龙,户习周孔,在己可得,而议在人可得而行也。"④ 曾国藩更是在家信中要儿子纪鸿、纪泽多学习名相张英的《聪训斋语》

---

① 曾国藩:《曾国藩全集·家书一》,岳麓书社1985年版,第653页。
② 曾国藩:《曾国藩全集·家书二》,岳麓书社1985年版,第1307页。
③ 胡林翼:《胡林翼集》第二卷,岳麓书社2008年版,第1029页。
④ 《邗江王氏五修族谱》。

和康熙皇帝的《庭训格言》："张文端公英所著《聪训斋语》，皆教子之言，其中言养身、择友、观玩山水花竹，纯是一片太和生机，尔宜常常省览。鸿儿体亦单弱，亦宜常看此书。吾教尔兄弟不在多书，但以圣祖之《庭训格言》（家中尚有数本）、张公之《聪训斋语》（莫宅有之，申夫又刻于安庆）二种为教，句句皆吾肺腑所欲言。"①

家训的传承性也体现在许多家训内容本身就是继承自前贤先圣的家训或精华言论。如《宜章谷氏家训引》："我朝运际熙明，国不异政，家不殊俗。钦惟圣祖仁皇帝复颁《广训》，敕各省府州郡县及乡村市井，望朔宣讲，可谓深切著明，法诫详勉。吾族日享太平，宜敬体此意，家喻户晓。特恐族大人繁，贤愚不等，罔知劝励，故摘人姓之良知、良能，立《家训》八则，启子弟之颛蒙，开人心之聋聩，庶愚不肖者有所遵循，罔敢逾越。世世子孙，永不失为盛世良民，则幸甚。"② 圣祖仁皇帝即康熙皇帝，《圣谕广训》为雍正二年（1724年）出版的官修典籍。该书由康熙皇帝的《圣谕十六条》和雍正帝《广训》架构而来，训谕世人守法和应有的德行、道理。从《宜章谷氏家训引》中："故摘人姓之良知、良能，立《家训》八则，启子弟之颛蒙，开人心之聋聩"可以看出，《宜章谷氏家训》并非个人所订立，完全摘选自《圣谕广训》，体现出对《圣谕广训》的继承。

湖南文化家族无论是对先人前辈遗训的直接继承，还是对前贤先圣精华家训言论的采用学习，都体现出中国传统家训能够跨越时空界限，永远传诸后世，具有传承性的特点。

---

① 曾国藩：《曾国藩全集·家书二》，岳麓书社1985年版，第1220—1221页。
② 上海图书馆编：《中国家谱资料选编·家规族约卷下》，上海古籍出版社2013年版，第600页。

（二）约束性

朱明勋在《中国传统家训研究》中写道："它是一种家庭'法律'，是家庭赖以正常运转的工具。俗话说'国有国法，家有家规'，这里所谓的'家规'，在相当程度就是指的家训。"① 为了使家族成员能够遵守家训，家训本身必须具有相当的约束性对家族成员进行约束处罚，从某种程度上来讲家训较一般法律有时更为直接、有效。

家训的约束性首先体现在家训内容的语言具有约束性。在家训的陈述中，家训编纂者在文中大量使用"勿""戒""当""必""不许"等具有约束性意义的字词，来训诫规劝家族成员，使得家训具有不容置疑的权威性。如《上湘成氏敬爱堂族戒》共十条：戒夺嫡、戒溺女、戒嫁妻、戒招夫、戒横暴、戒唆讼、戒赌博、戒游荡、戒妇行、戒邪教。每一条都用"戒"字强调不可为，可见该家训具有浓厚的约束性质。又如《茶陵拱辰刘氏家规》"严内则"条云："性欲其静也，不欲其动；情欲其顺也，不欲其傲。操欲其洁也，不欲其污；行欲其勤也，不欲其惰。事上使下，欲其孝而慈也，不欲其抗，而苛阃范之所以无容或忽也。登斯谱者，念夫教妇初来，防其微、杜其隙，毋始纵而终至于不可制，毋因爱而反至于多所畏，毋倾心而遂至于有所束，毋偏听其巧间而忘生我、薄同气，为天地鬼神之所不容，毋姑任其便安而习骄侈、好淫佚，为邻里乡党之所窃笑。庶阃范聿彰，助夫而成靖节之高，教子而成永叔之学矣。"② 仅一条之内，就连用五个

---

① 朱明勋：《中国传统家训研究》，博士学位论文，四川大学，2004年，第227页。
② 上海图书馆编：《中国家谱资料选编·家规族约卷上》，上海古籍出版社2013年版，第349页。

"不欲"和"毋"字，明确表达出了对子弟的约束和要求。

家训的约束性还体现在家训内容中有许多对违背家训进行惩罚的措施。费成康在《中国的家法族规》中将家法族规中众多的惩罚类型总结为七大类：警戒类、羞辱类、财产类、身体类、资格类、自由类、生命类。由此可见，家训一旦制定即对族人具有约束性，族人据此即可对违反家训的行为进行惩处。如王介之在《耐园家训·禁约》中曰："余家世勋阀，固称巨室，嗣后儒业相传，虽鲜显达，绝无胥吏隶卒，子孙资性稍可造就，为父兄者亟宜勉加鞭策，使承先绪；如其愚钝，即当务农习艺，安守职业。毋得失身胥隶，以辱家声。如有败类不遵是禁者，尊长集众杖之，仍付官，公呈除名。"①《邵阳车氏家法》中对游手好闲的族人也制定了相应的惩罚措施："游惰，国法所大禁也。子弟不能读书，凡农工商贾皆为正业。从来耕读并称，孝弟、力田同科，则农又为第一着矣。古云：'农，务本也；商贾，逐末也。'成家之道，本富为上，末富次之。断不可失身于隶卒行伍之间，以坏心术、失廉耻、伤元气。至于不农不末，游手好闲，博弈饮酒，惰其四肢，而种种无耻不肖之事，皆由此矣。父兄之教不先，子弟之率曷谨？凡有犯此者，众先攻其父兄，然后殛其子弟，无俾异种败我族类也。"②

家训的约束性体现在相当数量的家训中也制定了奖励内容的条规。有惩罚就有奖励。奖励和惩罚是家训约束性的两个方面。文化家族在家训中采取了众多惩罚办法，以惩罚来约束家人、族人某些负面行为的同时也采取了很多奖励措施。通过奖励正面行

---

① 《邗江王氏五修族谱》。
② 上海图书馆编：《中国家谱资料选编·家规族约卷上》，上海古籍出版社2013年版，第257页。

第二章　清代湖南文化家族家训的文献梳理

为为家人、族人树立正面榜样，激勉他们群起效仿，引导他们树立正确的价值观念，从而自觉走上追随贤达的道路。家训是严肃的，家训中的奖励和惩罚必须要公平、公正、公开，不能随意进行，否则难以服众。哪些行为能得到宗族的奖励，以及能得到何种奖励，在家训制定的时候已经写得清清楚楚、明明白白。如宁乡熊氏家族对族人读书科考奖励的规定就很清楚："族中入文庠者，奖钱四十串；武泮者，奖钱二十五串；补廪及恩、拔、副、岁优，俱奖钱五十串；文闱中乡式者，奖钱八十串；武闱中乡式者，奖钱六十串；会文试中式者，奖钱九十串；会武试中式者，奖钱八十串；文翰林，奖钱一百二十串；武翰林，奖钱一百串。由科甲到任者，路费临时酌议。以上奖资，因公积不饶，荣发者须确守成规。候公积饶裕，再议加奖。其余捐纳及军功，无论大小，均听奖。"①

由于社会背景、家族情况等方面的不同，各家族家训对奖励的内容规定也不尽相同。费成康的《中国的家法族规》中将奖励的重点总结为六个方面：第一，读书仕进；第二，孝悌忠信；第三，节妇烈女；第四，恪尽职守；第五，有功于族；第六，举报恶行。对于受到奖励的家人、族人，奖励的形式主要有七类：第一，褒扬；第二，优遇；第三，奖钱；第四，奖物；第五，载录；第六，立传；第七，旌表。

（三）史料性

中国的家训文献源远流长，它具有传承性、稳定性。同时随着社会的变化和发展，家训内容也会出现一些变化和更新。虽然在当代社会中家训已经不像过去那样为人们所重视，但是家训作

---

① 《宁乡熊氏续修族谱》，光绪十年本，卷八，《祠规》《禀词》。

为社会的一面镜子，作为重要的文献被保存，具有史料价值，能供给社会科学工作者进行研究，从中反映家训所在时代的社会现象和社会风气。

《益阳南峰堂龚氏家训》修订于宣统三年（1911年）孟秋，距离清王朝灭亡仅有不到两年时间。作为封建王朝末期制定的家训，当时的社会风气和社会现象也能从中见出一二："士为四民之首，今之为士者，不知书味无穷。若侥幸得一功名，自以为万事皆足，至于科第一节，皆诿之于时命、风水，甚至干预外事，恃功名势力，武断乡曲。愿我族子弟，破除积习，今虽科考久废，凡俊秀子弟皆虽送读，寒窗下一番苦功，纵遭逢不偶，不获出仕临民，而通达事理，亦不愧为真读书人。"① 由此可见，尽管宣统三年已经废除了科举考试制度，但彼时的文化家族却没有因此而中断家族子弟的学业。他们从读书有助于通达事理的角度出发，仍然重视子弟读书学习。

《上湘龚氏族规》制定于宣统二年（1910年）季秋，订立该族规的显系开明人士，很多规定都能迎合时代潮流，如"督小学"条："甲、族学为培植人才之基础，本属急务。只因经费难筹，暂缓举行。乙、家塾应照学部简易新章改良，教授毋得拘守旧法，阻子弟升学之阶。丙、无论贫富，务期人人读书识字，庶有谋生之路。约从宣统三年起，仿行强迫教育。各房长造具学童名册，送呈祠首备查。如有子弟年届八岁至十二岁不入学者，罚其父兄。其极贫不能送学者，由族房各公项下酌助学费。丁、女子亦宜入学，开通智识，肄习手工。"② 上湘龚氏家族与时俱进，

---

① 上海图书馆编：《中国家谱资料选编·家规族约卷上》，上海古籍出版社2013年版，第74页。
② 《上湘龚氏族谱》，1915年本，卷二，《族规类》。

第二章 清代湖南文化家族家训的文献梳理

对家族子弟施行强迫教育，期望族中子弟人人都能读书识字，并对贫困家庭子弟上学进行资助。更可贵的是，《上湘龚氏族规》还规定女子也应入学学习文化知识和手工技能。

《益阳南峰堂龚氏家训》和《上湘龚氏族规》都制定于科举考试废除以后。受社会发展的影响，家训族规的内容也会发生相应的变化：益阳南峰堂龚氏家族在科举废除的情况下继续鼓励子弟寒窗苦读，通过读书通达事理。上湘龚氏显然走得更远一些，他们还模仿西式学堂的情形办学，改良私塾的教学方法，且提倡女子入学，开通智识，肄习手工。两则材料对于研究近代教育，都极具史料价值。

《益阳南峰堂龚氏家训》还教育子弟要认清洋烟也即鸦片的危害："近日子弟之害，莫甚于洋烟。其始或三朋四友以为嬉戏，及上了瘾时，无论富贵之家，荒废正业，必遭大败。即贫而为士为工，虽有才学无人看得起，虽有手艺无人用得着。谋生无路，甚至拐骗盗窃，无所不为。久之，一家子弟或转相效尤，亦不能禁，种种毒害，有不忍尽言者。我族子弟，宜及时猛省，毋贻后悔。"[①] 鸦片对我国国民的戕害在鸦片战争以前已经非常严重。但是辛亥革命前后民众吸食鸦片的情形如何？制定于宣统二年（1910年）的《益阳南峰堂龚氏家训》无疑为我们了解当时民众吸食鸦片的情况提供了重要的史料。

重男轻女是中国古代社会的一大陋习。清代湖南文化家族的家训中"戒溺女"的规条也反映了当时社会溺杀女婴的现象。如《湘乡上湘成氏敬爱堂族戒》"戒溺女"条云："一索得男，再索得女，大《易》之于男女仅次先后，原无重轻之别。今人生女而

[①] 上海图书馆编：《中国家谱资料选编·家规族约卷上》，上海古籍出版社2013年版，第74页。

乃溺之者，大抵只是苦烦难、怕贫穷、难以包缠底道理。独不思一禽一兽，无故损伤，尚且拍掌叹曰：'此是我的。'分明自己所生之女，骨即我之分骨，肉即我之分肉，哀哀啼哭亦即我之气求声应。竟尔安意致之于死，恻隐之心安在？今圣天子大德好生，于各府州县育婴堂，屡捐帑金，招集乳母，以时育婴。且立禁令，森森严切，无非欲杜绝残忍，以厚风俗。我族仰体德意，务戒溺女。"① 又如《湘乡黄塘陈氏家训》"戒溺女"条曰："昔人云：'生男勿喜欢，生女勿悲酸。'可见女与男并重，而未可溺也。古今来女有能养亲身、能救亲难者，可以代子，可以明孝，女固无负于父母矣。为父母者即不赖以养身救难，并不藉以光大门楣，既已□□何恶溺而致之死乎？世之溺女者多矣，而得恶报者亦不少。《阴骘》云：'三代不育女者，其家必绝。'岂非上干天怒而报复不爽乎？呜呼！可不戒哉，可不戒哉！"② 分别订立于乾隆十七年（1752年）的《湘乡上湘成氏敬爱堂族戒》和道光十四年（1834年）的《湘乡黄塘陈氏家训》同为湘乡地区的家训，两者尽管相隔82年，然而都有"戒溺女"的规条，反映了湘乡地区在这一历史时期溺杀女婴风气的盛行以及当地文化家族为戒除此陋习的努力。

八股取士是中国封建社会重要的人才选拔制度，千百年来无数人趋之若鹜，为之皓首穷经。但是鲜有人对此制度的优劣进行过思考。清代"中兴四大名臣"之一的胡林翼在道光十三年（1833年）十月初八日写给保弟、枫弟的家信中奉劝两位弟弟不要耗费大量精力于时艺（即八股文）的学习而应注重史学研究并

---

① 上海图书馆编：《中国家谱资料选编·家规族约卷上》，上海古籍出版社2013年版，第136页。
② 上海图书馆编：《中国家谱资料选编·家规族约卷上》，上海古籍出版社2013年版，第319页。

表达了他对科举考试和八股文的看法：

　　二弟近日读书，偏重时艺，兄意殊不谓然。兄尝独居私念，秦始皇焚书坑儒，而儒学遭厄。明太祖以八股取士，而儒学再遭厄。始皇之意，人咸知其恶。焚固不能尽焚，坑又未能尽坑。且二世即亡，时间甚暂，其害尤浅。独明祖之八股取士，外托代圣立言之美名，阴为消弭枭雄之毒计，务使毕生精力，尽消磨于咿唔咕哔之中，而未由奋发有为，以为家国尽猷谟之献，此其处心积虑，以图子孙帝王万世之业，诚不失为驾驭天下之道。而戕贼人才，则莫此为甚。怀宗有言："朕非亡国之君，诸臣皆亡国之臣。"则明祖以私学取士之制，亦且贻其子孙忧。此其制度之必须变革，诚有不容缓者矣。

　　夫学问之道，当先端趋向，明去取。今之为时艺者，意果何所居哉！简练揣摩，无非借此以为进身之具，干禄之阶，作终南之捷径耳。使世主不由此以取士，则又将遁而之他。彼之心目中，何尝知圣人之微言大义哉！

　　兄意时艺既为风会所趋，诚不妨一为研究，惟史学为历代圣哲精神之所寄，凡历来政治、军事、财用、民生之情状，无不穷源竟委，详为罗列。诚使人能细细披阅，剖解其优劣。异日经世之谟，即基于此。二弟其勿仅虚掷精神于无用之地，而反置根本之文学于不顾也。①

胡林翼写这封信时距离鸦片战争的爆发还有近七年时间，此时清朝统治者和大部分上层人士还做着天朝上国的美梦。时年21岁的青年胡林翼能够透过现象看本质，一针见血地指出了科举取

---

① 胡林翼：《胡林翼集》第二卷，岳麓书社2008年版，第953页。

士的弊端和时艺的缺陷，满怀深情地希冀"二弟其勿仅虚掷精神于无用之地，而反置根本之文学于不顾也"。这些资料在《清史稿·胡林翼列传》中未见记载，尽管这只是一封关于家训的家书，但它无疑具有重要的史料价值，对于我们研究和正确认识胡林翼非常有帮助。

（四）普遍性

中国传统家训也具有普遍性的特点。所谓普遍性是指家训具有"放之四海而皆准"的特点，家训的相关训示和规条不仅能够为某个家族所使用，而且能够推而广之，为其他家族所用。

家训的普遍性首先体现在家训内容并不局限于一家一姓一族，而是具有广泛的适用性。家训内容中有不少兄弟人伦方面的训示。如《宁乡娄氏家规》"友恭"条："兄弟有天伦之乐，如花萼之辉，克念天显，乃致家肥。夫子读《棠棣》之诗曰：'妻子好合，如鼓瑟琴。'又曰：'兄弟既翕，和乐且湛。'不禁赞之曰：'父母，其顺矣乎！'盖父母生我，兄弟原同一气，手足有何乖张。世固有听妇言而乖骨肉，因赀产以致阋墙，使父母咨嗟叹息，不惟于亲无孝顺之心，而家声曷振焉。今为处兄弟者道，驾牛弟射，牛弘不听妻言。闭户自搥，缪彤感诸妇拜。族之人尚其鉴诸。"①《邵阳隆氏家训》中的内容不仅与此相同，而且在相关表述上也有着相似之处："一曰和兄弟。一本之亲，莫先兄弟。故分痛而灼宋祖之艾，同衾而长唐宗之枕。一体休戚、史册昭焉。大抵今世之乖戾手足者，始于枕畔之谮言，成于财产之不均，未免情溺身外，自薄一本。凡我族之为兄弟者，贵自有主张。

---

① 上海图书馆编：《中国家谱资料选编·家规族约卷上》，上海古籍出版社2013年版，第305页。

念两姓者易致，同气者难得，则内言除而离间之端绝；难得者兄弟，易求者田产，则财物轻而兄弟之谊重。究至兄弟既翕，妻孥固未尝不乐，恩明谊美，即父母亦早已豫顺矣。尚其勖诸。"①

有的家训就是通过采辑和讲解帝王家训来训诫子孙。如《宜章谷氏家训》即完全采录自雍正皇帝订立的《圣谕广训》，体现出了《圣谕广训》的普遍指导意义："我朝运际熙明，国不异政，家不殊俗。钦惟圣祖仁皇帝复颁《广训》，敕各省府州郡县及乡村市井，望朔宣讲，可谓深切著明，法诚详勉。吾族日享太平，宜敬体此意，家喻户晓。特恐族大人繁，贤愚不等，罔知劝励，故摘人姓之良知、良能，立《家训》八则，启子弟之颛蒙，开人心之聋瞆，庶愚不肖者有所遵循，罔敢逾越。"②《楚南云阳宁氏家规条例》则明文规定祭祀之日要在祠堂面向家族子弟讲解康熙皇帝制定的《圣谕十六条》，其"讲圣谕"条云："圣谕十六条，皆修身齐家之要，义类深切，词旨晓畅。遵其训者，可为寡过之阶，亦可为作圣之杭，庸可忽诸？当祭祀之日，宜访古读法之例，先设圣谕于上，祠宪祠长率族之子弟，行三跪九叩首礼，然后祠宪升于台上，东向讲解。群弟子耸听，毋得喧哗。讲毕，行礼如初。"③

有的家训则是在祖宗家训的基础上，增补入大家家规、家政，体现出了家训的普遍性。如《楚南云阳宁氏家规条例》就是在大家家规、家政的基础上制定的，其在开篇的"小引"曰："寒族家谱，吾祖若宗编辑于数百年之前，已非一而再、再而三

---

① 上海图书馆编：《中国家谱资料选编·家规族约卷上》，上海古籍出版社2013年版，第171页。
② 上海图书馆编：《中国家谱资料选编·家规族约卷下》，上海古籍出版社2013年版，第600页。
③ 上海图书馆编：《中国家谱资料选编·家规族约卷上》，上海古籍出版社2013年版，第122页。

矣。今复集流衍楚南诸近派，梓而新之。余等沿旧，于续编派系之余，乃就诸大家家规、家政少为增补，为条若干。"①

家训的普遍性还体现在家训字句内容的通俗易懂方面。家训是面向全族子孙所订立的，但是因为个体文化水平而参差不齐。为便于家训被族人接受和理解，家训常常使用时兴语言写定。如《上湘龚氏族规》订立于20世纪初清政府"预备立宪"的特殊年代，其在语言上就颇有时代气息，引入了此时流行的"自治""自由""文化"等新概念："窃我国预备立宪，必人人有自治之能力，而后有国民之资格。而欲求自治方法，莫如从家族入手。一家治，一族治，斯国无有不治矣。我族仰承祖训，食德服畴，讵敢自由于法律之外。第子姓日繁，人格不一，使无规约以统治之，未由进文化而保种族。谨议规则十八条，禀县存案，期于实行。俾阅者触目惊心，悉知自治，非独我族前途幸福也。"②

家训的普遍性也体现在有的家训在制定之时就将通俗易懂作为编撰的重要原则。《益阳南峰堂龚氏家训引》就表明了家训编撰的原则之一就是注重治家俚语的使用，冀望家训切中事理又通俗易懂："同治戊辰，先君子续修谱牒，条举训约，永肃家规。披阅再三，觉未有立法若斯之显者。今届八修，授梓刊刷，并增入治家俚语，剀切晓示，凡我族人，务宜身体力行，以仰副我皇上重熙累洽之治，是则续谱者区区之至意也夫。"③ 在这一编撰原则的指导下，其内容明白晓畅，通俗易懂，如："女子在家，则教以纺绩，长则教以针黹。闺门之内要男女有别，虽系中表至

---

① 上海图书馆编：《中国家谱资料选编·家规族约卷上》，上海古籍出版社2013年版，第121页。
② 《上湘龚氏族谱》，1915年本，卷二，《族规类》。
③ 上海图书馆编：《中国家谱资料选编·家规族约卷上》，上海古籍出版社2013年版，第73页。

戚，不可同席而食，同坐而语。性情要和顺，不可任其骄傲。行止要端方，不可令其轻浮。若纵而不教，一到夫家，不执妇道，致翁姑牵惹辱骂，要皆为母贻之也。可不慎诸。"①

二　个性

清代湖南文化家族家训的内容除了具有一般家族家训的特点之外，它还具有"文化家族"的特色。清代湖南文化家族都是书香门第，是士人的家族，还有不少家族是科举世家，他们拥有文化知识，是文化的传承者，因而治学、修身思想是清代湖南文化家族的重要内容；部分清代湖南文化家族因科举走向仕宦，宦海沉浮的为官经历使得与仕宦有关的训诫成为清代湖南文化家族家训中颇具特色的一部分。

（一）重视科举，素质并重

清代社会中，科举考试是入仕的主要途径。一个家族能否兴旺发达以及家族利益能否得以维护，取决于家族是否"代有闻人"。文化家族教育子孙的目的是使其成才，成才的重要标准则是科举考试的成绩。家族子孙勤奋学习，一旦通过了科举考试，往往就会学而优则仕，为学树德，出仕为官，更能体现出家族的繁荣和兴旺。清代湖南文化家族大多是科举名族，如善化贺氏、益阳胡氏、湘阴李氏、善化唐氏等都是人才辈出，科举发达的家族。这些家族无不重视子孙科举教育，在家训中也屡见不鲜。郭昆焘《云卧山庄家训》中《论读书五则示儿辈》对怎样读书做出了详尽的训导；《论书十六则示儿子庆藩》则把写好书法的方法

---

① 上海图书馆：《中国家谱资料选编·家规族约卷上》，上海古籍出版社2013年版，第73页。

和心得倾囊相授。曾国藩在家书中经常言及弟弟们的学业，不仅让弟弟们报告具体学习情况，还要求弟弟们以科举作为学习的主要目标："（诸弟）以后写信，但将每月作诗几首，作文几首，看书几卷，详细告我，则我欢喜无量。诸弟或能为科名中人，或能为学问中人，其为父母之令子一也，我之欢喜一也。慎弗以科名稍迟，而遂谓无可自力也。如霞仙今日之身分，则比等闲之秀才高矣。若学问愈进，身份愈高。则等闲之举人、进士又不足论矣。"①

由于科举考试以八股文为主，士子们如果单纯追求时艺，不仅思想僵化，而且很多人皓首穷经，除了时文，什么都不会。湖南文化家族对子弟的教育，除了举业之外，也要求子弟能明白事理，品端学优。如左宗棠训谕孝威："尔年已渐长，读书最为要事。所贵读书者，为能明白事理。学作圣贤，不在科名一路，如果是品端学优之君子，即不得科第亦自尊贵。"② 曾国藩也教育家族子弟要以祖父星冈公的八字诀为法，在读书之外也要种菜、养鱼、喂猪、打扫房屋和种竹："家中一切，自沅弟去冬归去，规模大备。惟书、蔬、鱼、猪及扫屋、种竹等事，系祖父以来相传家法，无论世界之兴衰，此数事不可不尽心。"③ 很多文化家族还将耕读传家写进了家训，告诫子孙要耕且读，如《湖南敦伦堂周氏家规》云："吾族之兴家，始重于读，次勤于耕。吾子孙礼义兴、衣食足者，此也。故训子弟者，惟读与耕。读者，务本业，去奸诈，远势利，毋荒远大之谋。耕者，勤耘耨，弗游惰，不争讼，毋失田家之事。"④

---

① 曾国藩：《曾国藩全集·家书一》，岳麓书社1985年版，第99页。
② 左宗棠：《左宗棠全集》第13册，岳麓书社2009年版，第19页。
③ 曾国藩：《曾国藩全集·家书一》，岳麓书社1985年版，第478页。
④ 上海图书馆编：《中国家谱资料选编·家规族约卷上》，上海古籍出版社2013年版，第173页。

（二）推崇文化，重视教育

清代立国之初，湖南、湖北同属湖广省，省会在武昌。按照当时的科举考试制度必须南北合闱，但是湖南和湖北相比，在经济发展和文化教育方面比较落后，士子的文化素养也较为逊色。因此，湖南士子在科举考试中常处于劣势。雍正二年（1724年）南北分闱，减轻了湖南士子参加乡试的经济负担和心理压力，也议定了湖南乡试中举的具体名额。同时，南北分闱也在客观上带动了湖南地区教育事业的发展和进步，促进了湖南人才群体的兴盛和文化家族的崛起。不少湖南士子由科举入仕，从寒门书生一跃而为政府官员，且因仕途的发达进而改变了家族的命运。科举成为人们生活中的一项重要活动，不仅受到人们的追捧，而且成为显贵入仕和发展家族势力的重要途径，也促进了文化家族崇文重教风气的形成。

清代湖南文化家族崇文重教首先表现为家训中推崇文化、重视读书。清代湖南文化家族多由读书起家，他们深知读书能够增长才智，明达事理。因此，他们在教育子孙后代的家训中也时常告诫儿孙要推崇文化，重视读书。咸丰八年十月十一日曾国藩送别九弟曾国荃时，告诫弟弟要重视家族子弟的读书学习，而不要过多的置买家产："所贵乎世家者，不在多置良田美宅，亦不在多蓄书籍字画，在乎能自树立子孙，多读书，无骄矜习气。"[①] 左宗棠在给儿子孝勋、孝同的信中也一再告诫儿孙要多读书："吾所望于儿孙者，耕田识字，无忝门风，不欲其俊达多能，亦不望其能文章取科第。小时听惯好话，看惯好榜样，长大或尚留得几分寒素书生气象，否则积代勤苦读书世泽日渐销亡，鲜克由礼，

---

① 曾国藩：《曾文正公全集·日记之一》，岳麓书社1987年版，第369页。

将由恶终矣。"① 胡林翼则将子弟读书，选择先生作为家族头等大事："我一家之事，在乎培植子弟，选择先生为上。"②

　　清代湖南文化家族崇文重教也表现在家训开始承担起社会教化的责任和义务。清朝康熙皇帝即位以后为了维护清朝的统治，加强对人民在思想方面的控制，训谕世人遵守法律和德行、道理，颁行了《圣谕十六条》；雍正皇帝继位后在《圣谕十六条》的基础上加以推衍，形成了《圣谕广训》。《圣谕十六条》对清代家训创作产生了极大的影响，不少家训就直接引用《圣谕十六条》作为家族教化的准则，湖南文化家族也毫不例外。如《楚南云阳宁氏家规条例》就直接引用了《圣谕十六条》："圣谕十六条，皆修身齐家之要，义类深切，词旨晓畅。遵其训者，可为寡过之阶，亦可为作圣之杭，庸可忽诸？当祭祀之日，宜访古读法之例，先设圣谕于上，祠宪祠长率族之子弟，行三跪九叩首礼，然后祠宪升于台上，东向讲解。众弟子耸听，毋得喧哗。讲毕，行礼如初。"③ 有的家族在家训中即使是没有引用《圣谕十六条》，也在文中说明了家训辅助世道，维护圣教，承担社会教化的目的。如《益阳南峰堂龚氏家规》"家规引"曰："国有宪典，家有条规，扶世翼教之心固有如是其同然者乎！我族列籍资阳，世为异姓所推重。凡以士农工贾，各安本业以相与，喜则庆而忧则吊也。然恐人丁繁衍，趋向殊途，康熙年间续修谱牒，阖族绅耆具呈颁请条约以肃家规。④" 清代湖南文化家族家训承担社会教化的责任和义务与

---

① 左宗棠：《左宗棠全集》第 13 册，岳麓书社 2009 年版，第 177 页。
② 胡林翼：《胡林翼集》第二卷，岳麓书社 1999 年版，第 1015 页。
③ 上海图书馆编：《中国家谱资料选编·家规族约卷下》，上海古籍出版社 2013 年版，第 122 页。
④ 上海图书馆编：《中国家谱资料选编·家规族约卷下》，上海古籍出版社 2013 年版，第 70 页。

第二章　清代湖南文化家族家训的文献梳理

清代的教育形态有关。清代社会的民众教育以家族教育为主，社会教育不够充足。清代宗族组织兴起以后，家训中出现的上述内容就是家族教育承担起了社会教育责任和义务的反映。

清代湖南文化家族家训崇文重教还表现为积极兴办义学，重视家族教育。左宗棠将养廉之银大部分用于为家族兴建义庄，开办义学，他一再敦促儿子孝威落实相关事宜："试馆明岁可改造，义学明岁可举行。究竟需钱若干，如何规画，尔来书不一言及何耶？义学之外尚须添置义庄，以赡族之鳏寡孤独，扩充备荒谷以救荒年，吾苦力不赡耳。"① 益阳胡林翼家族则有着创办学校的传统。道光二十九年，他的弟弟创办了义学，他对此予以赞赏和肯定："义学之设，尤惬吾意。大凡人生最苦者，莫苦于欲学而无从。富贵家子弟藏书万卷而不肯读，寒苦者有志研求而无力以致书，此亦不平事也。吾弟悯念寒畯，特设义学，聘请名师，分给书本，予以知识，而不责其偿。每季之末，试列前茅者并奖以膏火，此其用心，可谓周挚。吾家自乡贤公以下，无不竭力提倡读书。弟今又推己及人，能继先志矣。尤望持之以恒，行之以毅，使功效不仅在一时也。"② 咸丰十年，胡林翼承父亲胡达源的志向，为乡里学子兴办箴言书院："夫世事之治乱，系乎人才；而治术之盛衰，根于学术……念先光禄公主持正学，课徒二十余年，凡所以启牖后进者，一以修身为本，间录其躬行所得，著为《弟子箴言》十六卷，由体达用，本末赅备。林翼不肖，深惧不克负荷，不敢私为家训，而求所以广其传。因拟建箴言书院于石笋之黄竹坪，与故乡父老率其子弟，身体而力行之。"③ 湖南文化家族一再在家训中

---

① 左宗棠：《左宗棠全集》第 13 册，岳麓书社 2009 年版，第 78 页。
② 胡林翼：《胡林翼集》第二卷，岳麓书社 1999 年版，第 974 页。
③ 胡林翼：《胡林翼集》第二卷，岳麓书社 1999 年版，第 1044—1045 页。

肯定、鼓励、倡导兴建义学，体现了崇文重教的家族传统。

（三）形式丰富，通俗易懂

清代湖南文化家族家训的文体形式较为丰富，涵盖了各种文体。从书写形式上看，清代湖南文化家族家训有书信体家训、家训专书和家训规条。书信体家训往往是针对特定的教化对象，具有教化精准的特点。清代湖南文化家族家训最为世人所知、所推崇的无疑是书信体家训。曾国藩家书、胡林翼家书、曾国荃家书、左宗棠家书、彭玉麟家书等数量巨大，影响深远。家训专书往往以书册形式出现，具有容量大和系统性的特点。胡达源的《弟子箴言》、王之铁的《言行汇纂》《闺训要纂》、刘鉴的《曾氏女训》等都内容丰富。这些家训专书不但在家族教化中发挥了重要作用，而且在社会上也流传广泛，对社会教化具有重要影响。家训规条是以条文形式书写的家训，具有条目清晰、易于阅读接受的特点。清代湖南文化家族的家谱和宗谱中就保存了数量众多的家训规条。如王介之的《耐园家训》、龚生镐的《益阳南峰堂龚氏家规家训》、周德湛的《宁乡涧西周氏规训》等都是规条形式的家训，这些家训涵盖内容较广，在家族教化和治理中发挥了重要作用。

从语言韵散上看，清代湖南文化家族家训有诗词体家训、散文体家训和格言体家训。诗词体家训短小精悍，不仅易作，而且易记易诵。文化家族多才子硕儒，诗词体家训既便于施教者训诫，也便于受教者学习。因此，诗词体家训不仅作者数量多，而且作品数量也多。魏源、郭昆焘、李星沅、周寿昌、王文清等都留下了不少诗词体家训。散文体家训相对诗词体家训更加通俗易懂，而且文本容量大，能够充分表达施教者训诫的观点。因此，

第二章 清代湖南文化家族家训的文献梳理

散文体家训为更多的家族所采用。《耐园家训》《常德府武陵县皮氏宗规》《曾氏女训》《言行汇纂》《弟子箴言》等都是散文体家训。格言体家训言简意赅，意蕴深远，是施教者人生经验的总结和感悟，具有一定的哲思性。李肖聃《劝学浅语》、王之铁《言行汇纂》《闺训要纂》等皆为格言体家训。

清代湖南文化家族家训也体现出了更加通俗化、片段化的特点。湖南文化家族的家训撰写更加通俗化，使得受教者更加易于理解和接受。如李肖聃《幼学浅语》曰："谆谆命我，受之自天。是之谓性，是之谓人。善从性来，其端有四：曰仁、曰义、曰礼、曰智。仁于何见？是爱是施。义于何见？是正是宜。礼于何见？是敬是仪。智于何见？是觉是知。"① 因为是针对幼儿写的蒙训，考虑到幼儿的接受能力，故朗朗上口，易于理解。另外文化家族中家长不少在外游学、游宦、游馆等，其教育子弟和家人沟通主要采用书信的形式，书信往往采用的是白话写作，白话是接近日常生活语言的文字表达方式，从词汇、句法、韵味等方面看都不同于文言文，更通俗易懂，易于理解、交流和表达。如曾国藩道光二十九年写给弟弟们的家训中云："我待温弟似乎近于严刻，然我自问此心，尚觉无愧于兄弟者，盖有说焉。大凡做官的人，往往厚于妻子而薄于兄弟，私肥于一家而刻薄于亲戚族党。予自三十岁以来，即以做官发财为可耻，以宦囊积金遗子孙为可羞可恨，故私心立誓，总不靠做官发财以遗后人。"② 文化家族的家训创作还体现出了片段化的特征，这主要体现在书信体的家训作品中。书信是古代社会最常见、最常用的联络方式。文化家族较一般家族使用书信更为频繁，在言及诸多家

---

① 唐鉴：《唐鉴集》，岳麓书社 2010 年版，第 250 页。
② 曾国藩：《曾国藩全集·家书一》，岳麓书社 1985 年版，第 183 页。

事时谈及对家族子弟的教诲和教育，有时甚至只有三言两语，呈现出片段化的特点。

（四）重视仕宦训诫，女训增多

重视仕宦训诫是清代湖南文化家族家训的一大特色。清代湖南文化家族中不少人由科举、军功、荫赏等途径走上仕途。有的家族甚至出现了兄弟多人同朝为官的情况。如湘阴郭氏兄弟三人中郭嵩焘担任过广东巡抚、驻英公使等职，郭昆焘官至内阁中书，郭仑焘官至贵州候补道。有的家族父子多人皆为官员，如曾国藩官至两江总督，其子曾纪泽曾担任驻英、法大臣兼驻俄大使，曾纪鸿因荫赏举人，充兵部武选司郎官。这些人在长期的宦海沉浮中积累了丰富的仕宦经验，对于如何从政为官形成了自己的看法和主张，在家训中也将仕宦经验和心得对家人加以训诫。衡山聂继模写《诫子书》给担任陕西镇安县令的儿子聂焘，在为官的接人待物、公务处理、家庭关系等方面对儿子谆谆告诫。王朗川将古往今来廉吏为人处世的言行加以汇集编为《言行汇纂》，并且还提出"居官不可做受用之想"等观点供后人为官时参考学习。曾国藩身居高位却洁身自好，他多次写信给弟弟们，用自己恪守清、慎、勤的官箴以及做官不存发财之念、不留金钱给后人的仕宦观对弟弟们进行训诫。此外，曾国藩还多次写信给弟弟和父母亲，告诫父母不要干预地方事务。郭昆焘在儿子郭庆藩以知府分发浙江后将自己多年为官的心得和经验总结为十五条，写成《论居官十五则示儿子庆藩》并在训示后写道："庆藩筮仕浙江，行有日矣。因就老夫阅历所见，拉杂书之。果能取吾言，一一身体而力行，则亦为良吏有余矣。勉之哉！"① 告诫庆藩认真听取并

---

① 郭昆焘：《郭昆焘集》，岳麓书社2011年版，第206页。

第二章 清代湖南文化家族家训的文献梳理

身体力行。正是因为重视仕宦训诫，湖南文化家族才涌现出众多的人才群体，并在清代官场上留下了好政声。

清代湖南文化家族家训的女性作者和女子家训的内容和前代相比也有了明显的增加。在以男性血缘关系为纽带的传统宗法社会，主要由男子承担家训撰写的任务，女性作者较少。但是随着湖南政治经济文化的发展，文化家族中丈夫在外游学、游宦、游馆等原因，母亲承担了教育子女的任务。她们在教子过程中产生的家训作品数量大大增加。如朱瑞妍《偶成，示持谦持谨两儿》、严氏《遣子省翁，作诗勖之》、文先谧《训女钿》、王湘梅《勖迪儿》、劳文桂《夜纺听外子读书》、赵孝英《示儿》、黄庭淑《示桐儿》、郭友兰《示昌、锡两儿》、王继藻《励志诗》、郭秉慧《寄春元弟》等。清代末期，随着西学东渐，社会风气逐渐开化，女子受到新教育、新思想的影响越来越多，文化家族中还出现了以刘鉴《曾氏女训》为代表的专门的女训作品。她在《自叙》中说到了撰写缘由："自戊戌以还，我中华建议维新，遂有兴女学，戒缠足之盛举。创始于沪粤，效法遍行省，吾女界乃有读书之一日。不意甲乙之际，湘中二三女校，未及毕业，又为当道之压力所阻。虽热心教育家旋有家塾之建，而攻新评旧，莫定从违。鄙人固陋，兼困宿疾。当立校之初，不能有所献替，而况既停之后，其能从事补苴哉。但念诸孙女方当就学之岁，无经籍以闲之。诚恐弃本崇末，歧途自误，不揣荒疏，拟编执课数则，以为陶冶之助，而庸误识浅见，强事操觚，既昧知新，又难温故。爰本先哲遗规，有贤女然后有贤妇，有贤妇然后有贤母，有贤母然后有贤子孙。三义抽绎成文，其他家常琐屑，无可征引者，凭管见臆说，以足之敷衍拉杂，在所不计也。顾以二竖劳形，双丸催暮，作而复辍者，四序于兹。迩者顿瘥略起，乃屏嚣伏案，勉力终篇，分女范、妇职、姆教、家政四门。凡十章计一百二十四课，每课以两百字为率，取其便于点读，惟是理朴辞轻不足鸣世，用以曾氏女训，署其笺。施之家庭，启迪蒙幼或庶几焉。所愿教之者，略文释义，俾知取法。将来于应尽之职，不致陨越，则私衷慰幸，匪可言宣矣。"① 《曾氏女训》分为女范、妇职、姆教、家政四门，体现了对传统家训的继承和发展。

综上所述，清代湖南文化家族家训作为中国传统家训的重要组成部分，不仅数量众多，形式多样，有着传承性、约束性、史料性、普遍性等传统家训所具有的共性特点，同时也有着重视科举、重视素质、推崇文化、重视教育、形式丰富、通俗易懂、重视仕宦训诫、女训增多的个性特点。

---

① 刘鉴：《曾氏女训·自叙》。

第三章 清代湖南文化家族家训的修身思想

修身，是指修养身心，也称之为正己、修心、处己。修身是道德主体自觉地以传统及社会主流道德规范的标准要求自己、约检自己，从而提高自身道德修养，实现自我完善的切身实践。自古以来，人们都很重视子弟的修身，这和个人在古代社会的角色有关。在儒家传统伦理支配下的古代社会，个人是组成家族的基本因子，但是个人在社会中并不是孤立的存在。个人在社会中的一举一动不仅体现着自身的品性，而且还影响着本人所在家族的声誉或名望。在中国传统社会，人们把修身放在首位。一个人要想有所作为，首先就要修身。《礼记》云："身修而后家齐，家齐而后国治，国治而后天下平。自天子以至于庶人，壹是皆以修身为本。"① 儒家文化主张"入世"的人生态度，追求修身、齐家、治国、平天下的人生理想。在这一理想中，修身是齐家、处世的基础，占据着非常重要的位置。倘若子孙修身不善，道德败坏，律己不严，就会累及整个家族。因此，历代文化家族都重视子孙后代品行的教诫与养成，希望其以后能够光耀门楣。《世说新语·言语》载："谢太傅问诸子侄：'子弟亦何预人事，而正欲使其佳？'诸人莫有言者。车骑答曰：'譬如芝兰玉树，欲使其生于

---

① 陈戍国点校：《四书五经》，岳麓书社1991年版，第661页。

阶庭耳。'"① 芝兰玉树生于阶庭，人才济济，满门光彩荣耀，成为人们对家族门庭的最高期待，体现了家族长辈对晚辈成人成才的殷切希望。清代湖南文化家族以儒家思想为指导，把家族子弟的修身教育放在首位，给予了高度重视。

第一节　治学观

读书学习，可以修身、可以济世，自古一直为人们所重视。韩愈《师说》云："人非生而知之者。"人的知识不是天生的，即使是学富五车的学者，他的学问也是后天学习的结果。俗话说："读书以明理，可辨美善真。读书以求智，可利家国民。读书以修身，可戒贪痴嗔。读书以陶情，可养精气神。"读书学习非常重要，一个人如果想提升自我，就要勤奋学习。古代中国是以血缘关系为基础的宗法社会，家庭成员的素养和学识与家族的兴衰息息相关。因此，历代以来，家长都高度重视子女的教育和培养。清代的科举考试制度成熟，许多士人都有读书参加科举考试的经历，他们不仅深知读书学习的重要性，而且也希望家族子弟能勤奋读书，以获取知识，取得功名。

湖南文化家族是知识和智慧的承载者，拥有丰富的文化知识和深厚的文化传统。他们都是通过参加科举考试实现了家族振兴和阶层上升，历来重视读书治学，冀望子孙后代能修身明理。曾国藩是著名的政治家和文学家。他为国家殚精竭虑，政务军务十分繁忙，但仍然抽出时间写家书对家族兄弟子侄进行教育。他认识到家族子弟的贤与否关系到家族兴旺。他说："家中要得兴旺，

---

① 蒋凡等评注：《全评新注世说新语》，人民文学出版社2009年版，第157页。

全靠出贤子弟，子弟不贤不才，虽多积银、积钱、积谷、积产、积书、积衣，总是枉然。"①对于保持"世家之长久"的关键，曾国藩清醒地认识到子弟多读书在其中发挥着重要的作用。"不在多置良田美宅，亦不在蓄书籍字画，在乎能自树立子孙，多读书，无骄矜习气。"②左宗棠戎马倥偬之余也时刻牵挂子辈的学习。他和曾国藩同为"晚清中兴四大名臣"。自不惑之年受湖南巡抚张亮基之邀助剿太平军起，左宗棠一直为清朝的国事效命，直至古稀之年客死福州。他在咸丰十年给孝威、孝宽的家书中写道："惟刻难忘者，尔等近年读书无甚进境，气质毫未变化，恐日复一日，将求为寻常子弟不可得，空负我一片期望之心耳。夜间思及，辄不成眠……今我出门，想起尔等顽钝不成材料光景，心中片刻不能放下，尔等如有人心，想尔父此段苦心，亦知自愧自恨，求痛改前非以慰我否？"③左氏对子辈的读书学习是如此忧心忡忡，正因为这样，左氏在其家书中时常劝勉子辈读书学习。如同治元年，左氏在婺源注口行营写给孝威的家书中曰："尔曹在家读书学好，免我分心虑尔，即是尔等孝思。至于军国大事，我应承当，无可推诿，亦不烦尔等挂念也。"④又如另一封写给孝威的信中云："尔年十六七，正是读书时候，能苦心力学，作一明白秀才，无坠门风，即是幸事。"⑤希望子辈能抓住时光，苦心学习。

一 治学基础

志即志向、智趣。人各有志，贵在立志。立志是人生的基础，

---

① 曾国藩：《曾国藩全集·家书二》，岳麓书社1985年版，第1307页。
② 曾国藩：《曾国藩全集·家书一》，岳麓书社1985年版，第1465页。
③ 左宗棠：《左宗棠全集》第13册，岳麓书社2009年版，第9—11页。
④ 左宗棠：《左宗棠全集》第13册，岳麓书社2009年版，第45页。
⑤ 左宗棠：《左宗棠全集》第13册，岳麓书社2009年版，第52页。

是成才的根本，是治学的首要条件，更是激励个人努力奋斗，实现理想的动力和精神支撑。伟大教育家孔子很早就认识到志在个人成长和发展过程中的重要作用。他说："吾十有五而志于学，三十而立，四十而不惑，五十而知天命，六十而耳顺，七十而从心所欲不逾矩。"① 孔子把人生分为六个阶段，立志于学是其人生的基础亦是其人生的起点。立志是个人成长和发展的基础，立志对于个人成长发展极其重要。孔子曾感叹："三军可夺帅也，匹夫不可夺志也。"② 人立志之后，也要坚定理想和信念，排除万难，为之矢志不渝地去努力。"士志于道，而耻恶衣恶食者，未足与议也。"③ 在个人的成长和发展过程中，在人的求学和接受教育过程中，志都是不可缺少的。为了实现目标，人们都会立志，树立理想和决心，确立人生发展方向。志有着如此重大的意义和作用，立志教育自然也成了清代湖南文化家族热衷探讨并努力解决的重大课题。清代湖南文化家族成员是社会的中坚力量，他们从小受儒家思想的教育和熏陶，都有着恢宏的志向。在总结人生经验，教育家族子弟的过程中，他们强调子孙后代要想实现人生理想，就要读书明理，确立人生志向。

王夫之在《张子正蒙注》中认为如果不立志，治学就会漫无目的。因此，为学必以立志为先，立志之后再治学，才能在读书之时有所思考，才能学有所获："志立则学思从之，故才日益而聪明日盛，成乎富有；志之笃，则气从其志以不倦而日新。盖言学者德业之始终，一以志为大小久暂之区量。故《大学》教人，必以知止为始，孔子之圣，唯志学之异于人也。"④

---

① 陈戍国点校：《四书五经》，岳麓书社1991年版，第18页。
② 陈戍国点校：《四书五经》，岳麓书社1991年版，第34页。
③ 陈戍国点校：《四书五经》，岳麓书社1991年版，第22页。
④ 王夫之：《船山全书》第12册，岳麓书社1996年版，第210页。

第三章 清代湖南文化家族家训的修身思想

胡达源认识到了立志的重要性，十分重视子弟的立志教育。他在家训专书《弟子箴言》中将"奋志气"定为开篇第一章充分表明了他对读书先立志的重视。胡达源认为人只有确定了志向，奋斗才会有方向。"志如大将，气如三军。大将指挥，三军雷动，未有志奋而力不足者。"① 胡达源教导家族子孙重视立志也是因为他从小也受到了父亲要其重视立志的谆谆教诲，其《弟子箴言·奋志气》云：

> 辛未春，达源以优贡试礼部。其秋南归，待家大人朝夕讲诵。乙亥，四弟达渳充补宗学教习，达源则肄业成均。戊寅举京兆，己卯进士及第、前后留京五载。大人手书前贤粹语，再三督策，大旨以奋励志气为先。书曰："挺特刚介之志常存，则有以起偷惰而胜人欲。一有颓靡不立之志，则甘为小人，流于卑污之中，而不能振拔矣。"又曰："丈夫处世，即甚寿考，不过百年。百年中除老稚之日，见于世者，不过三十年。此三十年，可使其人重于泰华，可使其人轻于鸿毛，是以君子慎之。"又曰："以虚心逊志，精探仁义道德之奥；以刚肠强力，战胜纷华靡丽之交。"又曰："学者须要竖得这身子起，志不可放倒，身不可放弱。"又曰："战战兢兢，是不敢有些子放肆；戒慎恐惧，是不敢有些子惰慢。"又曰："尝默念为此七尺之躯，费却圣贤多少言语，于此而不能修其身，可谓自贼之甚矣。"又曰："每至夕阳，检点一日所为，若不切实锻炼身心，便虚度一日。流光如驶，良可惊惧。"云云。达源每得一书，反复通读，如亲承提命，顿

---

① 胡达源：《胡达源集》，岳麓书社2009年版，第9页。

觉精神振刷，志气激扬。①

正是在这种重视立志教育的家族传统的熏陶下，胡氏家族每一代人都树立人生理想，为之努力奋斗；同时也教育下一代子弟树立理想，实现了文化传承。

曾国藩认为读书治学的第一要事就是立志，有远大志向的人都是不甘平庸的人。他在给家中诸弟信中云："盖士人读书，第一要立志"，"有志者则断不甘为下流"，"不甘居于庸碌者也"。②曾国藩非常重视"立志"，他认为，人若立下志向就能够时时努力，成为想要的自己；人若不立志即使是天天和优秀的人在一起，也不会受到任何影响。他说："人苟能自立志，则圣贤豪杰何事不可为？……我欲为孔孟，则日夜孜孜，惟孔孟之是学，人谁得而御我哉？若自己不立志，则虽日与尧舜禹汤同住，亦彼自彼，我自我矣，何与于我哉？"③他鼓励子弟："凡将相无种，圣贤豪杰亦无种，只要人肯立志，都可以做得到的。……但须立定志向，何事不可成？何人不可作？"④曾国藩教导子弟立志就要立大志、立远志、立君子之志："君子之立志也，有民胞物与之量，有内圣外王之业，而后不忝于父母之生，不愧为天地之完人。"⑤曾国藩重视立志，不仅自己立下了经邦治国的远大理想，而且教育家族子弟要重视立志，树立远大理想。在曾国藩的带动和教育下，曾国藩的弟弟和儿子也都立下了远大之志，成就了一番功业。

左宗棠重视子弟的立志教育。他在给孝威、孝宽的信中告诫

---

① 胡达源：《胡达源集》，岳麓书社 2009 年版，第 14 页。
② 曾国藩：《曾国藩全集·家书一》，岳麓书社 1985 年版，第 48 页。
③ 曾国藩：《曾国藩全集·家书一》，岳麓书社 1985 年版，第 94 页。
④ 曾国藩：《曾国藩全集·家书一》，岳麓书社 1985 年版，第 1067 页。
⑤ 曾国藩：《曾国藩全集·家书一》，岳麓书社 1985 年版，第 39 页。

第三章　清代湖南文化家族家训的修身思想

他们读书做人首要立志,且立志要向圣贤豪杰看齐并时时反省:"读书作人,先要立志。想古来圣贤豪杰是我这般年纪时是何气象?是何学问?是何才干?我现才那一件可以比他?想父母送我读书、延师训课是何志愿?是何意思?我那一件可以对父母?看同时一辈人,父母常背后夸赞者是何好样?斥詈者是何坏样?好样要学,坏样断不可学。心中要想个明白,立定主意,念念要学好,事事要学好。自己坏样一概猛省猛改,断不许少有回护,断不可因循苟且,务期与古时圣贤豪杰少小时志气一般,方可慰父母之心,免被他人耻笑。"① 左宗棠勉励子弟要立定主意,仔细认真思考,要考虑父母的良苦用心,要向同辈优秀之人和古代圣贤学习,要以优秀者为榜样,和古代的圣贤豪杰一样立下宏远之志。

二　治学目的

治学目的是学习活动的指向和归宿,对学习者具有明确的导向作用和促进功能。孔子把培养君子作为学习的目的:"子曰:'质胜文则野,文胜质则史,文质彬彬,然后君子。'"② 质朴多于文采,就会流于粗俗;文采多于质朴,就会流于虚伪。只有质朴和文采配合统一,才能成为有道德修养的君子。文化家族以文化知识作为显著标志,通过读书参加科举考试实现阶层上升。清代湖南文化家族的代表人物多有参加科举考试获得功名和从政为官的人生经历。如王夫之为晚明崇祯十五年举人、永历政权行人司行人;曾国藩为道光十八年进士、武英殿大学士;左宗棠为道光十二年举人、东阁大学士;李星沅为道光十二年进士、两江总督;郭嵩焘为道光二十七年进士、驻英公使。他们饱读诗书,学

---

① 左宗棠:《左宗棠全集》第13册,岳麓书社2009年版,第10页。
② 陈戍国点校:《四书五经》,岳麓书社1991年版,第27页。

识渊博，人生阅历丰富，对子孙后代寄予厚望。在子弟读书做人方面，他们也给予了许多指导，把自己的经验教训传授给家族子弟，希望他们能够少走弯路，尽早实现人生理想。他们在家训中告诫子弟要多读书，鼓励子弟努力向学。其教育子弟学习目的的类型主要分为以下几种情况。

第一，清代湖南文化家族勉励家族子弟勤奋读书，通过科举考试走上仕途之路。清代的科举考试制度非常成熟，湖南文化家族大多是通过家族子弟在科举考试中取得功名进而入仕获得尊贵的社会地位，实现家族地位的提升。因此，他们比其他家族更加明白读书治学与家族兴旺的紧密联系。湖南文化家族都强调读书治学的重要性，在思想上通过家训等劝勉子弟读书，在物质上创造条件，引导子弟读书。如李星沅《示瀛秋、季眉两弟》云："昔贤论学问，必自气质始。学问有纯驳，气质有转徙。壮哉一角蛟，怒击数千里。妙手欲得之，刳之于赤水。镆铘古利器，与物无完理。所以百炼刚，化而为绕指。此病躬蹈之，反复戒吾弟。弟才颇卓荦，弟性太趻弛。所短不善弃，所长胡可恃。远大此前期，努力为国士。未夸门第光，先博亲心喜。"① 李星沅鼓励两个弟弟用心向学，努力成为"国士"，不仅能光耀门楣，也能显亲扬名。李星沅在诗中虽然并没有说要弟弟们参加科举考试，但是勤奋读书，成为国士，显亲扬名，其途径毫无疑问就是参加科举考试。又如周寿昌《送椿孙上学，口占示之》曰："早年携汝还京朝，汝甫倚案争低高。今朝送汝拜师去，长身竟着翁衣袍。衣袍美好亦何羡，我富藏书汝应见。汉宋源流心判清，古今成败胸罗遍。搜览既广意自奇，下笔定有风云驰。汝视幼学岁加六，立身岂肯甘儿嬉。吾家科第非希有，亦望蜚腾振吾后。汝能学行逾

---

① 李星沅：《李星沅集》，岳麓书社2013年版，第775页。

常流,我日摊书开笑口。"① 周氏家族是长沙的书香门第,周寿昌为道光二十五年进士,同治时,他先后任实录馆纂修总校、侍讲学士、侍读学士、署户部左侍郎等官。光绪初任内阁学士,署户部侍郎。在送椿孙上学时,周寿昌寄言椿孙,希望他将来能发扬家风,努力学习,早日科考及第。如果说李星沅、周寿昌的家训诗因其儒生的修养使其勉励弟弟和孙儿,勤奋读书,参加科举考试,进而走上仕宦之途还比较含蓄的话,那么郭秉慧《寄春元弟》则直抒胸臆,表达了对春元弟的殷切希望:"寒风飒飒岁将残,无限离愁独倚阑。一语教君珍重记,萱堂早晚劝加餐。芸窗事业宜勤习,一寸光阴抵万金。万里青云鹏翼展,早将官诰慰亲心。"② 郭秉慧希望弟弟能够勤奋学习,而学习的最终目的则是为了做官,"早将官诰慰亲心",希望弟弟能早日拿到授官的诰令抚慰父母。湖南文化家族还将鼓励家族子弟勤奋读书,冀以显亲扬名、知书达礼的要求写进家训,使家族人人皆知教育子弟读书的重要性。如《湖南浏阳清浏谭氏家约》"教子弟"条云:"故子弟聪明者,父兄必须竭力作养,诱掖奖劝,俾之有成,不惟增光祖宗,即族内亦与有荣施。如或赋性愚顽,尤不可不教以诗书,严加督责,朝夕训诲,久则必渐开明而豁然贯通矣。纵不能,然而识字迹、知义礼,一切苟且之事自耻而为,岂至马牛襟裾,致消于没字之碑也耶!"③ 清浏谭氏鼓励禀赋聪明的子弟读书,冀望其能有所成就,为家族增光添彩;同时对禀赋愚顽的子弟也要教以诗书,希望他们能知义礼。

第二,清代湖南文化家族勉励家族子弟读书以修身做人,进

---

① 周寿昌:《周寿昌集》,岳麓书社 2011 年版,第 96 页。
② 郭秉慧:《红薇吟馆遗草》。
③ 上海图书馆编:《中国家谱资料选编·家规族约卷上》,上海古籍出版社 2013 年版,第 605 页。

德修业为先为要，在此基础上再从事科举之业。虽然有些士绅深受科举之苦或因其他原因而反对子孙从事科举之业，他们认为治学的目的首要的是修身做人，进德修业。如左宗棠在《与癸叟侄》中曰："书非为科名计，然非科名不能自养，则其为科名而读书，亦人情也。但既读圣贤书，必先求识字。所谓识字者，非仅如近世汉学云云也。识得一字即行一字，方是善学。终日读书，而所行不逮一村农野夫，乃能言之鹦鹉耳。纵能掇巍科、跻通显，于世何益？于家何益？非惟无益，且有害也。冯钝吟云：'子弟得一文人，不如得一长者；得一贵仕，不如得一良农。'文人得一时之浮名，长者培数世之元气；贵仕不及三世，良农可及百年。务实学之君子必敦实行，此等字识得数个足矣。科名亦有定数，能文章者得之，不能文章者亦得之；有道德者得之，无行谊者亦得之。均可得也，则盍期蓄道德而能文章乎？此志当立。"①"蓄道德"，即积蓄培养道德。《管子·戒》曰："道德当身，故不以物惑。"说明积蓄培养道德的重要作用。曹丕《典论·论文》云："文章，经国之大业，不朽之盛事。""能文章"即写出以文载道的传世文章，成为读书人的一种追求和职责。左宗棠乡试中举后三次参加会试都无果而终，这使得他能更加深入地思考和认识到读书的目的和意义。他认为读书考取科名是人之常情，可以理解，但他更希望侄儿能够读书明理，进德修业，"蓄道德而能文章"，做一个对社会有用的人。

曾国藩自幼勤奋好学，科举之路也非常顺利，27岁就中了进士，可谓命运的宠儿。但他也认为科举功名由人不由己，不能勉强，治学目的只有进德和修业两件事："科名有无迟早，总由前定，丝毫不能勉强。吾辈读书，只有两事：一者进德之事，讲求

---

① 左宗棠：《左宗棠全集》第13册，岳麓书社2009年版，第6页。

第三章 清代湖南文化家族家训的修身思想

乎诚正修齐之道，以图无忝所生；一者修业之事，操习乎记诵词章之术，以图自卫其身。"① 读书是为了进德修业，那么怎样才能做到呢？曾国藩认为途径之一就是从事于《大学》："盖人不读书则已，亦既自名曰读书人，则必从事于《大学》。《大学》之纲领有三：明德、新民、止至善，皆我分内事也。若读书不能体贴到身上去，谓此三项与我身了不相涉，则读书何用？虽使能文能诗、博雅自诩，亦只算得识字之牧猪奴耳！岂得谓之明理有用之人也乎？"② 曾国藩教育子弟以进德、修业两件事作为教育子弟的目的，并指明了实践途径，最终获得了成功。

胡林翼也认为科举考试已经成为进身之具，干禄之阶，汲汲于科举考试的人并不明白圣人的微言大义。他在致保弟、枫弟的信中写道："夫学问之道，当先端趋向，明去取。今之为时艺者，意果何所居哉！简练揣摩，无非借此以为进身之具，干禄之阶，作终南之捷径耳。使世主不由此以取士，则又将遁而之他。彼之心目中，何尝知圣人之微言大义哉！兄意时艺既为风会所趋，诚不妨一为研究，惟史学为历代圣哲精神之所寄，凡历来政治、军事、财用、民生之情状，无不穷源竟委，详为罗列。诚使人能细细披阅，剖解其优劣。异日经世之谟，即基于此。"③ 胡林翼要弟弟在学习之前首先要明白学习的目的，认清楚科举取士的弊端，并劝说弟弟学习史学，认为史学不仅是历代圣哲精神之寄托，而且具有经世致用的作用。

郭昆焘也教育儿子郭庆藩在学习上要摒弃读书考取科举的世俗之见，明确读书并不仅仅只是为了写好词章、考取功名，还要

---

① 曾国藩：《曾国藩全集·家书一》，岳麓书社 1985 年版，第 35 页。
② 曾国藩：《曾国藩全集·家书一》，岳麓书社 1985 年版，第 39 页。
③ 胡林翼：《胡林翼集》第二卷，岳麓书社 1999 年版，第 953 页。

树立读书明理、变化气质的治学目的。"读书非徒工词章，取科第而已，将以穷理尽性、志圣贤之道，而免为流俗之归也。变化气质，是儒者第一层工夫。一念是则思所以成之；一念非则思所以遏之；一行善则思所以充之；一行过则思所以改之。处处闲存，时时省察，然后为真读书人，然后可以穷不失义，达不离道。圣门诸贤首推颜子，而孔子称其好学。"① 郭昆焘认为，读书要经常省察，做一个真正的读书人，树立高远的治学目的，保持高尚志趣和纯洁心灵，守住做人的道德底线。

清代湖南文化家族家训都要求子孙读书学习，在学习中树立学习目标。有的家训要求子孙能够读书明理，学会做人，有的家训要求子弟读书走科举考试之路。但是，不管是哪一种情况，清代湖南文化家族都要求子孙后代认真读书学习。他们教育子弟读书学习是为了进德修业和获取功名，希望二者能够兼而得之，但是当二者不能得兼时，他们则要求子弟将进德和修业放在首要位置。

三　治学之法

万事万物皆有法，万事万物皆循则。读书学习更是讲求方法。宋儒朱熹指出："事必有法，然后可成，师舍是则无以教，弟子舍是则无以学，曲艺且然，况圣人之道乎？"② 清代家训著作数量众多，其中言及的治学方法也十分丰富。清代湖南文化家族也非常重视对家族子弟的学习教育，他们根据前人的治学经验和自身的学习体会总结出了大量行之有效的学习方法和学习原则，虽然一些方法有其时代局限性，但是大部分仍然值得我

---

① 郭昆焘：《郭昆焘集》，岳麓书社2011年版，第200页。
② 丘濬：《大学衍义补》，影印《文渊阁四库全书》本。

们学习和借鉴。

（一）求业之精，曰专而已

人没有潜心钻研的精神就不会有洞察一切的聪明。《荀子·劝学》曰："无冥冥之志者，无昭昭之明；无惛惛之事者，无赫赫之功。行衢道者不至，事两君者不容。目不能两视而明，耳不能两听而聪。"① 人的精力是有限的，唯有集中精力才能做成事情，到达成功的彼岸。汉代思想家董仲舒在《春秋繁露》中云："目不能二视，耳不能二听，手不能二事，一手画方，一手画圆，莫能成。"② 人不能一心二用，读书学习更是不能分心，必须专心。清代湖南文化家族在家训中历来主张读书学习要专心致志，反对三心二意。

曾国藩谆谆告诫弟弟们读书学习要想有所收获，必须要专一，在具体的科目学习中也不可以"兼营并骛"。他在给弟弟们的信中说："求业之精，别无他法，曰专而已矣。谚曰'艺多不养身'谓不专也。吾掘井多而无泉可饮，不专之咎也。诸弟总须力图专业。如九弟志在习字，亦不必尽废他业。但每日习字工夫，断不可不提起精神，随时随事，皆可触悟。四弟、六弟，吾不知其心有专嗜否？若志在穷经，则须专守一经；志在作制艺，则须专看一家文稿；志在作古文，则须专看一家文集。作各体诗亦然，作试帖亦然，万不可以兼营并骛，兼营则必一无所能矣。切嘱切嘱，千万千万。"③ 曾国藩深刻认识到要想在学习中脱颖而出，有所成就，就必须力图专业，并将这一体会对弟弟们千叮

---

① 方勇、李波译注：《荀子》，中华书局2011年版，第5页。
② 董仲舒：《春秋繁露》第12卷，影印《文渊阁四库全书》本。
③ 曾国藩：《曾国藩全集·家书一》，岳麓书社1985年版，第36页。

咛，万嘱咐，希望他们能专业于学。

左宗棠也指出读书最要专一，不能间断。他在写给儿子孝威的信中云："读书用功，最要专一，无间断。今年以我北行之故，亲朋子侄来家送我；先生又以送考耽误工课，闻二月初三、四始能上馆，所谓'一年之计在于春'者又去月余矣。若夏秋有科考，则忙忙碌碌又过一年，如何是好？今特谕尔：自二月初一日起，将每日工课按月各写一小本寄京一次，便我查阅。如先生是日未在馆，亦即注明，使我知之。屋前街道、屋后菜园，不准擅出行走。如奉母命出外，亦须速出速归。出必告，反必面，断不可任意往来。"① 左宗棠教育儿子读书要专一，不能够间断。为了让儿子养成专心学习的好习惯，他还将儿子的功课进度进行了安排，并嘱咐儿子不能随意走动外出，以便集中注意力，专心学习。

郭昆焘也告诫儿子读书要沉浸其中，要精力集中，心思专一，不能急躁轻率。他在《论读书五则示儿辈》中云："读书当沉潜涵泳，探索义理。读书之时，口在是，眼在是，心即在是。虽不能如古人之默识，亦宜低声徐通，使神闲心定以求有得。若大声狂吟，则头昂心散，必且躁率扰乱，不复能深入矣。"② 学习的时候要专心致志，读书的时候要集中注意力，口眼心都要专注于书本，如此方能有所收获。

（二）循序渐进，保持恒心

清代湖南文化家族教育子孙读书学习的又一方法是循序渐进，保持恒心。读书学习有其自身规律，既要按照学习者的认知

---

① 左宗棠：《左宗棠全集》第13册，岳麓书社2009年版，第11页。
② 郭昆焘：《郭昆焘集》，岳麓书社2011年版，第199页。

水平及知识水平有步骤地渐次展开，也要按照书本的逻辑体系层层深入。因此，知识的积累需要一定的过程，遵循其规律，不能揠苗助长，一蹴而就。

郭崑焘在《云卧山庄家训》中教育儿子读书要循序渐进，注重积累，既不能鲁莽作辍，也不能追求速度。"读书忌鲁莽、忌作辍，未有鲁莽而不作辍者。古今书籍，汗牛充栋，安能一时而尽读之？但就所应读者，循序渐进，铢积寸累，果能一一融会，即已终身受用不尽。若此书甫读，忽又思及彼书；此卷甫读，忽又思及下卷。急遽苟且以求速毕，猝不能毕，便生烦扰，烦扰之久，必成疲倦，于是未读者究不及读，而已读者转致抛荒，此学者之大病也。"① 读书怎样循序渐进？方法如何？郭崑焘告诫儿子读书要按照书本的逻辑体系展开，从头至尾的按顺序进行，次第读去，彻始彻终。读书要力求对全书掌握透彻，不能浮光掠影，要对作者的精神脉络加以把握，不能随意翻阅，漫无目的。"读书当自首至尾，次第读去，彻始彻终，使全书了然于心，庶为有益。若一部之中，随意抽取一本，一本之中又随意翻阅数叶，但记一二故实，而于作者之精神脉络茫乎未有所会，虽终日读书，仍与未读无异。此世儒通病，最宜深戒。"② 郭崑焘对世儒读书的通病深有了解。因此，他告诉儿子要引以为戒，对儿子读书寄托了莫大的希望。

胡林翼也认识到读书学习要保持恒心，坚持不懈，不能心急，更不能一曝十寒。在《致保弟枫弟》信中，胡林翼曰："读书一事，本贵恒而贱骤，如能孜孜矻矻，日知其所亡，月无忘其所能，则久久自有成效。否则一暴而十寒，进锐而退速，反不能

---

① 郭崑焘：《郭崑焘集》，岳麓书社2011年版，第199页。
② 郭崑焘：《郭崑焘集》，岳麓书社2011年版，第199页。

造就高深。"学习只有循序渐进，保持恒心，才能学有所成。胡林翼希望弟弟们在学习中有恒心，一点一点的积累进步，不能求速："兄意细侄辈能缓进已属可喜，正不必期望太奢也。"①

曾国藩在治学过程中积累了丰富的经验，他告诫诸弟学贵有恒是学习取得成效的重要窍门。他在《致澄弟温弟沅弟季弟》信中云："学问之道无穷，而总以有恒为主。兄往年极无恒，近年略好，而犹未纯熟。自七月初一起，至今则无一日间断。每日临帖百字，钞书百字，看书少亦须满二十页，多则不论。自七月起，至今已看过《王荆公文集》百卷，《归震川文集》四十卷，《诗经大全》二十卷，《后汉书》百卷，皆朱笔加圈批。虽极忙，亦须了本日功课，不以昨日耽搁而今日补做，不以明日有事而今日预做。诸弟若能有恒如此，则虽四弟中等之资，亦当有所成就，况六弟、九弟上等之资乎？"② 曾国藩以自己在学习中过去无恒，现今有恒且读书临帖都有很大收获的事例鼓励四弟、六弟、九弟，只要有恒心，就能取得成功。

左宗棠认识到学习只有循序渐进才能有所收获。他在给儿子孝威的信中经常强调读书要循序渐进。他在咸丰十一年家书中云："读书要循序渐进、熟读深思，务在从容涵泳以博其义理之趣，不可只做苟且草率工夫，所以养心者在此，所以养身者在此。"③ 读书只有循序渐进，才能有助于理解其中的内涵和旨趣。又如"读书先须明理，非循序渐进，熟读深思不能有所开悟"。④ 读书只有循序渐进，熟读深思才能有所感悟。左宗棠对孙辈的学习也非常牵挂并给予了指导。同治十一年，他在给儿子的

---

① 胡林翼：《胡林翼集》第二卷，岳麓书社1999年版，第991页。
② 曾国藩：《曾国藩全集·家书一》，岳麓书社1985年版，第99页。
③ 左宗棠：《左宗棠全集》第13册，岳麓书社2009年版，第20页。
④ 左宗棠：《左宗棠全集》第13册，岳麓书社2009年版，第30页。

家书中云:"丰孙工课只宜有恒,不必急切。体质嫩弱,不可峻督。"① 同治十二年家书又云:"丰孙破题甚明白,字亦端秀,工课只在有恒,断不宜贪多。"② 再云:"丰孙读书,只要有恒,不须峻督。"③ 对待年幼的孙子,左宗棠反复强调只要有恒,不要求速峻督;对成年的儿子,左宗棠教导其循序渐进,体现出了因材施教的教育原则,同时也体现出左宗棠对循序渐进、学贵有恒的重视。

(三)珍惜时间

时间意识和时间观念,是人类智能和体悟达到成熟的标志之一。子在川上曰:"逝者如斯夫,不舍昼夜。"④ 光阴苦短,人生有限,孔子珍惜时间的意识也为后来的儒家学者所学习。《庄子·内篇·养生主第三》曰:"吾生也有涯,而知也无涯。以有涯随无涯,殆已!"⑤ 人的生命是有限的,而人一生中要学习的知识却有很多。因此我们要在有限的人生和无限的知识之间寻找平衡点,那就是要珍惜时间。清代湖南文化家族在家训中也反复告诫子孙学习之时要珍惜时间。

左宗棠弱冠中举,年少得志,虽然之后三次会试皆不第,但是他深刻体会到要趁着年轻多读书。因此,左宗棠更懂得时间的宝贵。他常训诫子弟要抓住读书学习的大好时机,珍惜时间。在写给孝威、孝宽的信中,左宗棠云:"陶桓公有云:'大禹惜寸阴,吾辈当惜分阴。'古人用心之勤如此。韩文公云:'业精于勤

---

① 左宗棠:《左宗棠全集》第13册,岳麓书社2009年版,第158页。
② 左宗棠:《左宗棠全集》第13册,岳麓书社2009年版,第166页。
③ 左宗棠:《左宗棠全集》第13册,岳麓书社2009年版,第168页。
④ 陈戍国点校:《四书五经》,岳麓书社1991年版,第34页。
⑤ 陈鼓应注释:《庄子今注今译》,商务印书馆2007年版,第113页。

而荒于嬉.'……人生读书之日最是难得,尔等有成与否,就在此数年上见分晓。"① 在写给癸叟侄的信中,他也告诫癸叟侄要抓住十六岁到二十六岁这段最佳的读书时光,珍惜时间:"人生读书得力只有数年。十六以前知识未开,二十五六以后人事渐杂,此数年中放过,则无成矣,勉之!"② 左宗棠反复告诫子侄要珍惜时间,尤其要珍惜青年时期读书求学的大好时光,发奋读书,道出了惜时如金,时不我待的朴素道理。

胡达源幼承家学,二十岁入岳麓书院,跟随大儒罗典学习十年。在长期的求学生涯中,他深知珍惜时间的重要性。他在《弟子箴言》卷二"勤学问"中写道:"子曰:'后生可畏。'以其年富力强,足以积学也。然或自安玩愒,荏苒光阴,转瞬之间,已伤老大,而有用之岁月虚度矣,有用之精神消磨矣。老而无闻,悔将何及! 是以圣人论学曰'日新',无一日之可旷也。曰'时习',无一时之不勉也。"③ 年轻人精力旺盛,求知欲强,但是"有用之岁月"和"有用之精神"是有限的。学海无涯,生命有限,要想在有限的生命长度中学习到更多的知识,唯一的方法就是珍惜每一天。因此,胡达源告诫子孙趁着年轻更要珍惜时间,不能贪图安逸,荒废时光。

胡林翼在父亲胡达源的教育下不仅勤奋好学,而且自身也充分认识到时间的宝贵。道光十六年,24 岁的胡林翼考中进士。胡林翼重视学习,婚后对家族内外子弟的教育都非常重视。岳父陶澍去世后,胡林翼对年幼的内弟陶少云的学业非常关心,一再劝勉他珍惜时间:"左先生谅早到馆,吾弟其及此时光,善自努力,

---

① 左宗棠:《左宗棠全集》第 13 册,岳麓书社 2009 年版,第 10 页。
② 左宗棠:《左宗棠全集》第 13 册,岳麓书社 2009 年版,第 7 页。
③ 胡达源:《胡达源集》,岳麓书社 2009 年版,第 16 页。

第三章 清代湖南文化家族家训的修身思想

'青青园中葵',可为吾弟诵矣。"在写给陶少云信的开篇,他就借汉乐府《长歌行》中的诗句勉励内弟珍惜时光。在和内弟话家常的过程中,他通过自己"苦日月之促"的切身感受,循循善诱,再次提醒陶少云珍惜时间:"兄侍母乡居,一切如恒。惟家事多难,苦身之疲,于学尤废堕,不可言状。刻下即思闭门静课,不知得享此福缘否?弟此时觉日月之长,兄此时苦日月之促;弟之异日,即兄之今日也。"①

清代湖南文化家族的女性也认识到时间的宝贵,她们在教子诗中也提醒子弟珍惜时间,奋发学习。女性天性敏感,对时间的流逝有着更深的体会,也更懂得珍惜时间。王湘梅《勖迪儿》云:"光阴去如电,方辰忽已西。日求一日功,功积自然厚。日与群儿嬉,嬉罢亦何有。"②告诫迪儿光阴似电,每天都要努力学习,不能只顾玩耍。赵孝英《示儿》云:"大块光阴须爱惜,休将世业负前贤。"③提醒儿子珍惜时间,不辜负先辈。郭秉慧《寄春元弟》曰:"芸窗事业宜勤习,一寸光阴抵万金。"④告诫春元弟时光宝贵,要勤奋学习。王继藻《励志诗》云:"初日自东出,流光忽西颓。花落不再开,水流无重回。丹漆苟不勤,负此桐梓材。虽有美淑姿,弃置同草莱。青春能几何,倏忽鬓毛催。少壮不努力,老大徒伤悲。"⑤鼓励子弟珍惜时光,努力学习,不负青春。

综上所述,清代湖南文化家族拥有知识文化,重视子弟的学业,是科举考试的受益者。在家族子弟读书学习的过程中,他们

---

① 胡林翼:《胡林翼集》第二卷,岳麓书社1999年版,第1036页。
② 贝京校点:《湖南女士诗钞》,湖南人民出版社2010年版,第136页。
③ 贝京校点:《湖南女士诗钞》,湖南人民出版社2010年版,第163页。
④ 贝京校点:《湖南女士诗钞》,湖南人民出版社2010年版,第478页。
⑤ 贝京校点:《湖南女士诗钞》,湖南人民出版社2010年版,第402页。

重视子弟的立志教育，劝勉子弟将进德修业作为读书学习的首要目标，把科举之业作为次要目标。同时，湖南文化家族注重学习方法的运用，在家训中也汇集了丰富的学习方法。时至今日，这些仍然值得我们学习和借鉴。

第二节　美育观

　　家庭是社会最小的细胞，社会由无数个家庭所构成。家庭以婚姻和血缘关系作为组成基础，是一个人身体和心灵的归宿。在日常生活中，我们谈起家庭，心中所与之联系的总是温馨、亲切、安全、舒适、放松等情感。家庭的这种特性，不仅使得家庭生活富于情感性，而且也使得整个家庭教育富于审美色彩。

　　家庭美育是在家庭内部开展的审美教育，它以家族长辈或父母作为教育者对家族子弟施行家庭伦理、人际交往、礼仪举止和文学艺术等方面的教育。人的一生，绝大部分时间是在家庭中度过的。家庭是生命的摇篮，是人生的起点，也是美育的起点。家庭美育对人的影响最早。家庭是人生的第一个课堂，家长是孩子的第一任老师。一个人健康成长所需要的知识包括德智体美劳五个方面，然而，最早开始这些知识学习的地方，不是在学校，也不是在社会，而是开始于家庭。人们在家庭中接受的德育、智育、体育和劳育往往都是融会在美育之中，结合着美育而展开，家庭是美育的天然载体。

　　家庭美育对人的成长影响时间最长。家庭关系是人际关系中最稳定的一种。家庭生活在人的生活中有着举足轻重的作用。家庭环境中的美育相对于其他环境中的美育有着更为便利和优越的条件，夫妻之情、亲子之爱、手足之谊是家庭关系中最主要也是最稳固的情感关系，家庭美育正是在充分利用这些天然情感因素的基础上产生的情感激荡、净化和升华。因此，家庭美育对人具有更为长久的影响。清代湖南文化家族重视家庭美育，在子弟审美素养的培养上，他们或耳提面命，或家书寄语，或亲身示范以期提升子弟对自然、艺术的审美能力，培养符合时代审美标准的理想人格。

一 美育观的内容

湖南文化家族家庭美育以人伦美、艺术美和行为美为媒介多层次地展开。人伦美育、艺术美育、行为美育三个方面既相互独立又相互联系，共同为培养合乎时代审美标准的理想人格服务。

（一）追求仁爱的人伦美

湖南文化家族深受儒家思想影响，他们的治家、治学思想都遵从儒家思想，在家庭美育思想中也追求和践行以仁爱为核心的人性美。仁爱是儒家美育思想的核心，是用一种发自内心的真诚和善意去对待他人的感情。它最初是指家族亲人之间相互依存、相亲相爱。孔子将其推而广之，提出了"仁者，爱人"的思想，把家族亲人之间的爱推而广之，成为一种面向全社会、全人类的博爱之情，以"仁爱"为基础的儒家美育思想也随之产生。

曾国藩受儒家思想影响极深，在对弟弟和子女进行家庭人伦美育时，也时时渗透着仁爱的思想。"绝大学问即在家庭日用之间。于孝弟两字上尽一分便是一分学，尽十分便是十分学。今人读书皆为科名起见，于孝弟伦纪之大，反似与书不相关。殊不知书上所载的，作文时所代圣贤说的，无非要明白这个道理。若果事事做得，即笔下说不出何妨！若事事不能做，并有亏于伦纪之大，即文章说得好，亦只算个名教中之罪人。贤弟性情真挚，而短于诗文，何不日日在孝弟两字上用功？《曲礼》《内则》所说的，句句依他做出，务使祖父母、父母、叔父母无一时不安乐，无一时不顺适；下而兄弟妻子皆蔼然有恩，秩然有序，此真大学问也。"① 在曾国藩看来，学问不仅存在于书本之中，而且还广泛地存在于家庭日用之中。以仁慈、孝悌为代表的仁爱思想是日常生活中的大学问。曾氏希望弟弟们在家庭日常生活中践行孝悌，推行仁爱，营造和谐的家庭氛围和友爱的人际关系。曾国藩还将这种家庭父母兄弟之爱加以扩展，使其发展成为爱国、爱民的博爱思想。同治十一年（1872年）二月初四，他告诫纪泽、纪鸿："求仁则人悦。凡人之生，皆得天地之理以成性，得天地之气以成形，我与民物，其大本乃同出一源。若但知私己而不知仁民爱物，是于大本一源之道已悖而失之矣。至于尊官厚禄，高居人上，则有拯民溺救民饥之责。读书学古，粗知大义，即有觉后知觉后觉之责。孔门教人，莫大于求仁，而其最切者，莫要于欲立立人、欲达达人数语。立人达人之人，人有不悦而归之者乎？" 曾氏要求儿子要仁民爱物，具有博爱的思想和情怀，要关爱他人，成就他人，富贵他人，只有这样最终才能成就自己，也才能得到他人的拥护。曾国藩是这样教育儿子，也是这样教育弟弟们的。道光二十二年（1842年）十月，他在给弟弟们的信中写道："君子之立志也，有民胞物与之量，有内圣外王之业，而后不忝于父母所生，不愧为天地之完人。"② 曾国藩以仁爱为本的观念体现了他博爱的胸襟和仁者情怀。

---

① 曾国藩：《曾国藩全集·家书一》，岳麓书社1985年版，第67页。
② 曾国藩：《曾国藩全集·家书一》，岳麓书社1985年版，第39页。

左宗棠教子严格，时时以忠厚孝义的仁爱思想对儿子进行家庭人伦美育。他长期游宦在外，工作繁忙，但是对儿子的教育却毫不松懈。在家信中，他一再告诫长子孝威要以孝悌为本，在小家庭里要以身作则，推行仁爱，友爱兄弟，和谐妯娌，孝顺母亲；不仅如此，还要推而广之，将仁爱之心施以族人和穷乏孤苦之人："尔为家督，须率诸弟及弟妇加意刻省，菲衣薄食，早作夜思，各勤职业。樽节有余，除奉母外润赡宗党，再有余则济穷乏孤苦。其自奉也至薄，其待人也必厚。兄弟之间情文交至，妯娌承风，毫无乖异，庶几能支门户矣。"① 在现实生活中，左宗棠还将忠厚孝义的仁爱思想化为具体的善行义举，扶危济困，帮助他人。同治七年（1868年）孝威入京会试，左宗棠联想到自己昔日落第受尽苦辛的经历，推己及人，告诫孝威尽可能地帮助同乡中没有考中的贫寒举子："同乡下第寒士见则周之。尔父三试不第，受尽苦辛，至今常有穷途俗眼之感，尔体此意，周之为是。"② 在父亲的提醒和教育下，孝威拿出五百两银子分赠给了落第举子。当听说车马难雇、车价高涨时，左宗棠又交给孝威千金分赠同乡贫寒举子作为归途之资。左宗棠的仁爱思想不受自身身份的限制，不论身为一介寒士还是贵为封疆大吏，他都秉持一颗仁心，不求名利，不求回报，积极捐助家乡的灾民。"居庙堂之高则忧其民，处江湖之远则忧其君"，在给孝威的信中，左宗棠表达了其仁民爱物的儒者情怀："今岁湖南水灾过重，灾异叠见，吾捐廉万两助赈，并不入奏。回思道光二十八九年，柳庄散米散药情景如昨，彼时吾以寒生为此，人以为义可也；至今时位至总督，握钦符，养廉岁得二万两，区区之赈，

---

① 左宗棠：《左宗棠全集》第13册，岳麓书社2009年版，第124页。
② 左宗棠：《左宗棠全集》第13册，岳麓书社2009年版，第116页。

为德于乡亦何足云？有道及此者，谨谢之，慎勿如世俗求叙，至要至要。"① 左宗棠还以博爱之心积极参与家乡慈善机构恤无告堂的工作，并积极捐助慈善事业："恤无告及他义举应用之费，我所不惜，尔自斟酌可也。"②

  彭玉麟一生不慕名利、大公无私、两袖清风、襟怀坦荡，在家庭人伦美育中，时时以一颗仁爱之心教育家人。他生活简朴，对金钱没有太多的奢望，时常教育家人勤俭节约，赈济穷苦。他告诫弟弟要心怀仁义、乐善好施："守财不施，谓之钱奴，为人一世中，不过衣食住三者最不可少，然而衣求温暖，食求果腹，夜眠六尺地，入梦便似死人然。何必衣必锦绣，食必膏粱，起造高大房屋，美轮美奂矣，亦享受微几？……当此世乱年荒，每思节用以利民生。俸禄所入，除奉甘旨外，每移赈民间，非如冯谖市义，但求吾心所安而已。"③ 彭玉麟身在高位，但心系黎民百姓，他以一颗仁者之心去赈济灾民，救民于水火，在给叔叔的信中写道："人民遭疮痛之深，归无庐舍，食无糗粮，衣薄而天寒，鸿嗷遍野，触景生悲。朝廷虽有赈恤，然远水不救近火，待受皇恩，民早冻馁毙沟壑中矣。侄尝闻仁者言，济急须济急时无。所以将官囊所得，随缘先行布施，……常督率属吏，谨慎将事，如此办理，于心稍觉安泰。然独恨吾非豪富，倾家以泛爱博施，拯民水火，登诸衽席也。"④ 彭玉麟秉持一颗公心，在工作中践行"仁"，对上爱国，对下爱民，并将勤政爱民作为自己的理想和志愿："惟乱世之官吏，当爱民以柔抚……侄自临政，思何以报吾君，则勤无怠；思何以报吾亲，则爱民若己子，而不忘母之慈。

---

① 左宗棠：《左宗棠全集》第 13 册，岳麓书社 2009 年版，第 127 页。
② 左宗棠：《左宗棠全集》第 13 册，岳麓书社 2009 年版，第 153 页。
③ 襟霞阁主：《清十大名人家书》，岳麓书社 1999 年版，第 317 页。
④ 襟霞阁主：《清十大名人家书》，岳麓书社 1999 年版，第 315 页。

勤则分宵旰之忧，慈则秉恺悌之训……是以侄之自矢：不扰民，临政勤。"①

以曾国藩、左宗棠、彭玉麟等为代表的湖南文化家族因科举而跻身仕途，他们都有着一颗仁爱之心，他们在追求人伦美的过程中，不仅力求家和族睦而且也将其上升到爱民、爱国的博爱情怀。他们还将这一美好的精神财富给子弟以潜移默化、熏陶渐染的教育，美化他们的心灵，使家族子弟也拥有仁者之心和仁爱的情怀。

（二）重视艺术熏陶的艺术美

培养能鉴赏、创作艺术作品的子弟是文化家族美育的重要内容。清代湖南出现了一大批重视艺术教育的世家大族，涌现出了许多优秀的文艺人才，不仅提升了其家族的知名度，而且也为家族的发展积聚了力量。

1. 重视书法艺术

做字习书是古代文士最重要的一项活动。他们几乎每天都要接触到笔墨纸砚。在长期的历史发展中，书法不仅是一种技能更是一种艺术，它根植于传统文化之中，闪耀着永恒的人文价值。湖南文化家族也非常重视培养家族子弟的书写能力，并在平日的生活和学习中加以教育和引导。

彭玉麟精于书法，不仅要求家族子弟重视书法，而且还以学书之法教导子弟。他认为字如其人，书写是精神的一种体现。因此他告诫子孙重视书法的练习，下笔要始终如一，字端行整："北窗泼墨数卷，似从庙碑脱胎，字体卓然可观。惟气未尚贯，结体之际，惜不能字字一律，或左欹，或右欹，肥瘦不等，均是病处。望汝以后下笔，须字字始终如一，无懈可击，乃成格局，

---

① 襟霞阁主：《清十大名人家书》，岳麓书社1999年版，第335页。

乃成体段，此亦关系人之品德。字端行整，必为谨严之士；字欹行斜，必为粗疏之子。有字怪诞而人诡奇者矣，有字浑厚而人载福者矣。取譬虽似穿凿，然而静观默察，确有其事其境。汝其识之。"① 彭玉麟还鼓励子弟写好书法，指出练好书法一要以古人为师，多参古碑笔意；二要与当代书法高手为师为友，多与之学习切磋。他勉励蛟弟："近阅来书，字体苍劲似柳州，可见致力已深。但兄谓弟之笔意，苍劲处太觉瘦削，宜将颜真卿书郭家庙参入，魄力雄浑，似较沈著。朴盦近鬻书自活，临池拨墨，求者踵接，其所书直抚云麾碑项背，超卓可喜，离弟家甚近。盍访之？作师作友，都有裨益。"②

郭昆焘擅长书法，儿辈向他请教学书之法，他便作《论书十六则示儿子庆藩》，把学习书法的体悟传授给儿子庆藩。郭昆焘认为学习书法不能只重视技艺，更要提升学识，以学识扩充见识，避免俗气："作书最忌者俗。凡病皆可医，惟俗不可医。俗在体格者可医，俗在骨气者难医。欲去其俗，不当但于字中求之，须是多读书以扩其识见，识见既高，胸次自大，下笔自然无俗气。自来名家未有仅以书擅长者也。"③ 临摹是学习书法最常见的方法。郭昆焘指出，学书可以临摹古人但不能拘泥于古帖，学习古人书法要学习其用笔结体之妙，下笔则要有所创新："学书贵临摹古人，然但对帖摹仿，则帖自帖而我自我，终不能有悟入处。须是取古人之书，张之壁间，熟玩其用笔结体之妙，使胸中常有古人法度，及其下笔，则又当神明于法度之外，斯为善学古人者。"④ 郭昆焘不仅在学书过程中重视创新，他还告诫庆藩学习

---

① 襟霞阁主：《清十大名人家书》，岳麓书社1999年版，第326页。
② 襟霞阁主：《清十大名人家书》，岳麓书社1999年版，第311页。
③ 郭昆焘撰：《郭昆焘集》，岳麓书社2011年版，第201页。
④ 郭昆焘撰：《郭昆焘集》，岳麓书社2011年版，第200页。

书法贵要学习古人的长处。他指出宋四家学习推崇颜真卿的书法，但是其都能自成一家的秘诀就在于他们只是学习颜真卿书法的某一点，在此基础上加以创新，从而自成一家。

左宗棠深知一笔好楷书在科举考试中的重要性，因此他对儿子孝威的书法一直都很重视。他在家信中常常直言不讳地指出孝威书法中的缺点："阅尔屡次来禀，字画均欠端秀，昨次字尤潦草不堪，意近来读书少静、专两字工夫，故形于心画者如此，可随取古帖细心学之。年已十六，所学能否如古人百一，试自考而自策之。……读书不为科名，然八股、试帖、小楷亦初学必由之道，岂有读书人家子弟八股、试帖、小楷事事不如人而得为佳子弟者？"① 左宗棠认为学好书法是学习的必由之路。对于怎样学好书法，他多次告诫孝威要多临帖、临古帖，行书则不能乱写："尔小楷宜学帖，方有可观。"② "尔在家读书须潜心玩索，勿务外为要。小楷须寻古帖摹写，力求端秀，下笔不可稍涉草率。行书有一定写法，不可乱写，未尝学习即不必写，亦藏拙之一道也。程子云'即此是敬'，老辈云'写字看人终身'，不可不知。"③

2. 注重实学、陶冶性情的读书情趣

作为文人士大夫阶层，读书是湖南文化家族日常生活中不可缺少的一部分。文化家族的代表人物对读书的理解和认识，也代表了当时社会对读书的一种态度。

曾国藩教育子弟读书的目的是明理，而不是升官发财。他不认可社会上"学而优则仕"的传统观点，反对为科举而读书，主张通过读书陶冶性情，成为知书达理的君子。他在写给纪鸿的家

---

① 左宗棠：《左宗棠全集》第13册，岳麓书社2009年版，第27页。
② 左宗棠：《左宗棠全集》第13册，岳麓书社2009年版，第21页。
③ 左宗棠：《左宗棠全集》第13册，岳麓书社2009年版，第40页。

书中表达了对子弟的期望:"凡人多望子孙为大官,余不愿为大官,但愿为读书明理之君子。勤俭自持,习劳习苦,可以处乐,可以处约。此君子也。"① 当得知大儿子纪泽院试失利且无意于功名时,他不仅没有生气,反而在家书中鼓励他多读书写字,陶冶情操:"尔既无志于科名禄位,但能多读古书,时时吟诗作字,以陶冶性情,则一生受用不尽。"② 在怎样读书的问题上,曾国藩也告诫子孙人生苦短,书海无涯,读书要加以选择,并以自己读书的经验推荐了书单。他在给纪泽的家信中写道:"尔生今日,吾家之书,业已百倍于道光中年矣。买书不可不多,而看书不可不知所择……泽儿若能成吾之志,将《四书》《五经》及余所好之八种一一熟读而深思之,略作札记,以志所得,以著所疑,则余欢欣快慰,夜得甘寝,此外别无所求矣。至王氏父子所考订之书二十九种,凡家中所无者,尔可开一单来,余当一一购得寄回。"③ 曾国藩鼓励子孙不为科举而为明理和陶冶性情而读书的理念,在以科举为学习指挥棒的时代非常可贵。

胡林翼注重实学,不仅教育子孙要多读书,而且要多读史书,唯有广泛阅读才能开阔眼界。胡林翼出生于官宦之家,从小受到较好的教育。道光二年,年仅十岁的胡林翼在给七叔墨溪公的信中就表达了他对科举考试制度合理性的质疑:"考试制度创自明祖,其用意所在,姑置不论。惟以一日之短长,定万人之高下,沧海遗珠,势安能免?士之怀才而不售者,岂果文章之劣?"④ 在读书选择的问题上,胡氏偏爱经世致用、具有实学特点的史学:"惟史学为历代圣哲精神之所寄,凡历来政治、军事、

---

① 曾国藩:《曾国藩全集·家书一》,岳麓书社1985年版,第324页。
② 曾国藩:《曾国藩全集·家书二》,岳麓书社1985年版,第849页。
③ 曾国藩:《曾国藩全集·家书一》,岳麓书社1985年版,第476—477页。
④ 胡林翼:《胡林翼集》第二卷,岳麓书社1999年版,第941页。

第三章 清代湖南文化家族家训的修身思想

财用、民生之情状，无不究源竟委，详为罗列。诚使人能细细披阅，剖解其优劣。异日经世之谟，即基于此。"① 在读书方法的问题上，胡林翼颇有心得。他认为读书要广泛阅读，深入思考，不能只注重辞句。他告诉七叔墨溪公："读书当旁搜远览，博通天人，庶几知上下古今之变而卓然成家。若仅仅以辞句相夸耀，非所以励实学也。"② 胡氏还认为唯有多读书才能打下扎实的功底，有助于写作。他写信告诫叔华侄："多读乃是根本之图。六经无论矣，余如老庄，如《史记》，如前后《汉书》，如《通鉴》，如韩、柳、欧、苏等集，均为不可不读之书。多读则气盛言宜，下笔作文，便仿佛有神助。否则干枯拙塞，勉强成篇，亦索索无生气，不足登于大雅堂也。"③

左宗棠对读书和科举考试的认识更为清醒和深刻，在教育子弟读书问题上态度也非常明确。左宗棠饱读诗书，二十岁就考中举人，但却会试不利。道光十八年（1838年）左氏第三次入京参加会试，考完发榜，仍然不能取中。经过三次会试失败后，他对科举考试和读书的目的开始反思并有了更加清醒的认识，自此不再参加科举考试。他告诫癸叟侄儿考科举只是为了生存，读书的目的是明白事理："读书非为科名计，然非科名不能自养，则其为科名而读书，亦人情也。但既读圣贤书，必先求识字。所谓识字者，非仅如近世汉学云云也。识得一字即行一字，方是善学。终日读书，而所行不逮一村农野夫，乃能言之鹦鹉耳。纵能掇巍科、跻通显，于世何益？于家何益？非惟无益，且有害也。"④ 左氏是这样教育侄儿，也是这样教育儿子的。他告诫儿子孝威：

---

① 胡林翼：《胡林翼集》第二卷，岳麓书社1999年版，第953页。
② 胡林翼：《胡林翼集》第二卷，岳麓书社1999年版，第942页。
③ 胡林翼：《胡林翼集》第二卷，岳麓书社1999年版，第1005页。
④ 左宗棠：《左宗棠全集》第13册，岳麓书社2009年版，第6页。

"所贵读书者,为能明白事理。学作圣贤,不在科名一路,如果是品端学优之君子,即不得科第亦自尊贵。若徒然写一笔时派字,作几句工致诗,摹几篇时下八股,骗一个秀才、举人、进士、翰林,究竟是什么人物?"① 又如:"尔年十六七,正是读书时候,能苦心力学,作一明白秀才,无坠门风,即是幸事。如其不然,即少年登科,有何好处?"② 左氏还认为读书之时要用审美的眼光去欣赏作品,深入体会和思考以理解其中的道理:"读书要循序渐进,熟读深思,务在从容涵泳以博其义理之趣,不可只做苟且草率工夫,所以养心者在此,所以养身者在此。"③

郭昆焘在教育子弟读书方面也颇有见地。他曾就读于岳麓书院,二十一岁即考中举人。他对子弟读书颇为重视,写有《论读书五则示儿辈》。在读书目的上,郭昆焘教育儿辈"工词章、取科第"只是世俗之见,读书更是为了穷究事理:"读书非徒工词章,取科第而已,将以穷理尽性、志圣贤之道,而免为流俗之归也。"④ 郭昆焘在读书方面也提出了一些独到的见解。他认为人的精力有限,不可能读完所有的书籍,因此在读书时要讲求方法。读书应该选择自己应读的书,循序渐进,认认真真,仔仔细细地读,不能浮光掠影,也不能求快求速。在读书的时候还应该集中精力,采取诵读法,安定心神,理解作者的思想情感:"读书当沉潜涵泳,探索义理。读书之时,口在是,眼在是,心即在是。虽不能如古人之默识,亦宜低声徐诵,使神闲心定以求有得。若大声狂吟,则头昂心散,必且躁率扰乱,不复能深入矣。"读书还要从容求索,深入体味。对于不熟悉、不明了的地方要反复多

---

① 左宗棠:《左宗棠全集》第 13 册,岳麓书社 2009 年版,第 19 页。
② 左宗棠:《左宗棠全集》第 13 册,岳麓书社 2009 年版,第 52 页。
③ 左宗棠:《左宗棠全集》第 13 册,岳麓书社 2009 年版,第 20 页。
④ 郭昆焘:《郭昆焘集》,岳麓书社 2011 年版,第 200 页。

遍地阅读和思考，要有恒心，不能急躁："读书要优游餍饫，昔人所谓'如膏泽之浸、江海之润，涣然冰释，怡然理顺'固非可恃一二日之功以希捷获也。书有未熟者，更读之又重读之；义有未明者，更思之又重思之。常使此心从容暇豫，充然有余，然后可期无不熟之书，无不明之义。一涉急躁，便归无成。"①

晚清时期，科举考试制度仍然大行其道，是国家主要的人才选拔制度。清代湖南文化家族高瞻远瞩，开风气之先，逆时代潮流而动，产生了不以科举为目的而读书，鼓励子弟读书学习以明白事理的思想和理念。时至今日，这些思想和理念仍然值得我们学习和提倡。

（三）强调立身处世的行为美

行为美是人在社会实践活动和人际交往中的言行举止所体现出来的美。行为美受人内在涵养和思想境界的影响。湖南文化家族家训中的美育思想除了注重人伦美和艺术美之外，对家族子弟的行为美也非常注重，在家训中对子弟的行为和处世也加以教育和引导。

1. 戒蛮横暴躁

湖南文化家族以文化为底色，崇尚谦恭礼让，希望子孙后代都能成为知书达礼的谦谦君子。因此，他们告诫子弟在立身处世上务必戒除蛮横暴躁，变化性情以涵养气质，培养君子之风。如《宁乡欧阳氏家戒》"戒凶暴"条云："唾面自干，师德之忍风可法；引车退避，相如之让德堪师。今有凶暴之徒，徒恃血气之勇，临事而不知惧，因一朝之忿，忘身以及其亲，悔何及哉？吾愿族人，变化性情，涵养气质，谦谦著君子之风，蔼蔼叶吉人之度，

---

① 郭昆焘：《郭昆焘集》，岳麓书社2011年版，第199页。

则人自无横逆之加。"① 蛮横暴躁的子弟逞凶肆暴，败名灾己。有的文化家族指出子弟不仅要修礼尚让，而且要对横暴子弟加以约束，以家法处置。如《上湘成氏敬爱堂族戒》"戒横暴"条曰："世间逆父母、干尊长、欺族党、压邻里、凌弱寡、藐国法，至于败名灾己、辱先丧家，而无所顾者，决惟横暴子弟。何则？横暴子弟，其性刚，其气粗，其志傲，其心狠，是以逞凶肆暴，无所不至，惩之故不可以不蚤也。倘父兄听其驰骤，而不束缚家法；任其恣纵，而不范之矩物。吾知其不至于辱祖宗、戮父母，而累及族党也者几希。我族修礼尚让，宜戒横暴。"② 彭玉麟也经常给子弟敲警钟，告诫儿子言行不能滋长傲气，不能蛮横暴躁，神色、语言都不能以气势压人："汝能以余切责之缄，痛自养晦，蹈危机而知惧，闻善言而知守，自思进德修业，不长傲，不多言，则终身载福之道，而吾家之幸也。历观名公巨卿，或以神色凌人者，或以言语凌人者，辄遭倾覆。"③

2. 戒轻狂恣肆

年轻人血气方刚，勇于探索，在社会实践中敢于展现自我，往往容易争强好胜，流于轻狂恣肆。湖南文化家族认识到年轻人的这一特点，在家训中时常告诫子弟不要轻狂恣肆。左宗棠教子严厉，他时常教育儿子孝威平日与人交往不要轻浮，不要戏言戏动："尔少年侥幸太早，断不可轻狂恣肆，一切言动均宜慎之又慎。凡近于名士气、公子气一派断不可效之，毋贻我忧。"④ 对于

---

① 上海图书馆编：《中国家谱资料选编·家规族约卷上》，上海古籍出版社2013年版，第261页。
② 上海图书馆编：《中国家谱资料选编·家规族约卷上》，上海古籍出版社2013年版，第136—137页。
③ 襟霞阁主：《清十大名人家书》，岳麓书社1999年版，第323页。
④ 左宗棠：《左宗棠全集》第13册，岳麓书社2009年版，第55页。

如何避免轻狂恣肆，左宗棠告诫孝威要注重言行，结交正派人士，不轻易开口讲话："尔年尚少，正立志读书之时，非讲交游结纳时也。同人宴集时，举动议论切勿露轻浮光景，勿放浪高兴，少应酬为要。时时提起念头检点戏言戏动，内重则外轻，而过自寡矣。"① 又如："总要摆脱流俗世家子弟习气，结交端人正士，为终身受用，勿稍放浪以贻我忧。时政得失、人物臧否，不可轻易开口。少时见识不到，往往有一时轻率致为终身之玷者，最须慎之又慎。"② 曾国藩也告诫儿子纪泽不要狂傲，不要犯京师世家子弟奢傲的通病："世家子弟最易犯一奢字、傲字……见乡人则嗤其朴陋，见雇工则颐指气使，此即日习于傲矣。《书》称'世禄之家，鲜克由礼'，《传》称'骄奢淫佚，宠禄过也'。京师子弟之坏，未有不由于骄、奢二字者，尔与诸弟其戒之。"③

3. 尚忠信勤敬

在自我修养方面，湖南文化家族也要求子弟应当忠信勤敬，具备诚实、勤劳、谨慎的优良品质。郭昆焘教育儿子郭庆藩在和上下级、朋友以及中外之间交往时要说话诚实，做事稳重谨慎："'言忠信，行笃敬，虽蛮貊之邦行矣；言不忠信，行不笃敬，虽州里行乎哉？'此数语通天地、亘古今，莫之能违也。凡上下之交、朋友之交，以及中外之交，毋欺饰给骗以图目前之取容，毋敷衍含糊以贻将来之口实。守定忠信、笃敬，审机因势以应之，则有以自立而事无不济。"④ 左宗棠告诫儿子孝威在和人交往时要有所选择，和人交往无论是说话还是办事都要谨慎，不能说大话，更不能举动轻浮："至交游必择其胜我者，一言一动必慎其

---

① 左宗棠：《左宗棠全集》第13册，岳麓书社2009年版，第85页。
② 左宗棠：《左宗棠全集》第13册，岳麓书社2009年版，第90—91页。
③ 曾国藩：《曾国藩全集·家书一》第19卷，岳麓书社1985年版，第332页。
④ 郭昆焘：《郭昆焘集》，岳麓书社2011年版，第206页。

悔，尤为切近之图。断不可旷言高论，自蹈轻浮恶习；不可胡思乱作，致为下流之归。"① 曾国藩年轻时没有践行勤敬二字，深以为憾。因此，他在家信中多次告诫家族兄弟子侄要勤敬，只有做到勤劳谨慎，不论是治世还是乱世家族总能兴旺："家中兄弟子侄，总宜以勤敬二字为法。一家能勤能敬，虽乱世亦有兴旺气象；一身能勤能敬，虽愚人亦有贤智风味。吾生平于此二字少工夫，今谆谆以训吾昆弟子侄，务宜刻刻遵守。"②

二 美育观的特点

清代处于中国封建社会的衰亡阶段，尤其是清代中晚期受第二次工业革命的影响，中国社会也处于巨大的社会变革时期。有学者指出："在社会处于重大转型时期，尤其是在社会形态发生巨大转变的过程中，教育所受到的冲击必定是最深刻、最全面的。"③ 随着西方思想文化的传入，新旧文化相互碰撞，中西文化相互渗透，传统的家庭美育也受到了很大的冲击。在历史的大潮中，湖南文化家族的家庭美育既有着家庭美育的传统特点，同时也出现了新的变化。

（一）传统特征

和传统家庭美育一样，清代湖南文化家族家庭美育的开展既没有采用正规的学堂教育，也没有沿用私学聚徒而授的形式。文化家族的美育一般是由具有丰富社会实践、富有深厚审美素养且

---

① 左宗棠：《左宗棠全集》第13册，岳麓书社2009年版，第82页。
② 曾国藩：《曾国藩全集·家书一》，岳麓书社1985年版，第267页。
③ 张斌贤：《社会转型与教育变革》，湖南教育出版社1997年版，第240页。

第三章 清代湖南文化家族家训的修身思想

在某种艺术类型中具有专长的长辈或者兄长担任施教者。湖南文化家族以家族的繁荣昌盛为出发点，以家族伦理亲情为载体，对家族子弟的人伦美、艺术美和行为美进行科学启蒙，对其进行家风的熏染，体现了具有传统特色的家庭美育。

1. 利用家族荣誉感进行鼓励式教育

鼓励式教育也称赏识教育法，是一种在宽松、和谐、愉快的氛围中，使学生以自信、自强、进取的态度去完成学习任务的教育方法。美国哈佛大学管理学教授詹姆斯认为，如果没有激励，一个人的能力发挥不过20%—30%，如果施以激励，一个人的能力则可以发挥到80%—90%。正确的激励可以把人的潜能激发出来，提高人的积极性与主动性，进而提高学习和工作的效率。鼓励式教育也是中国传统教育中所常采取的一种教育方式，学生犯了错误的时候，师长不责罚批评，而是从其他好的方面进行鼓励，从而让学生认识到自己的错误。鼓励式教育符合学生的心理特点，容易被学生接受，有利于学生塑造良好的性格。

古代的文化家族也常采取鼓励式教育进行家庭美育。文化家族以文化传家，不少家族在文化上还取得了丰硕的成就。因此文化家族的长辈也注重利用家族荣誉和家族精英的影响来教育家族晚辈，对其进行鼓励式教育，冀望其能尽快脱颖而出。魏晋南北朝时期的名门望族琅琊王氏就非常注重结合家族荣誉，采取鼓励式教育进行家庭美育。南朝梁大臣、侍中王僧虔之孙王筠就在《与诸儿书论家世集》中云："史传称安平崔氏及汝南应氏，并累世有文才，……然不过父子两三世耳；非有七叶之中，名德重光，爵位相继，人人有集，如吾门世者也。……汝等仰观堂构，思各努力。"[①] 王筠以家族的光荣历史，鼓励其子不辱家声，光耀

---

① 姚思廉：《梁书》卷三三《王筠传》，中华书局1973年版，第486—487页。

门楣。杜甫的祖上有很多有才学的人,他的祖父杜审言不仅是"文章四友"之一,而且也是唐代近体诗的奠基人之一。杜甫常因"吾祖诗冠古"而引以为傲,在儿子宗武生日时,他作诗《宗武生日》鼓励儿子:"诗是吾家事,人传世上情。熟精文选理,休觅彩衣轻。"希望宗武能向家族先贤学习。

清代湖南文化家族在对家族子弟进行美育的过程中,注重言传身教,以身作则,同时也以家族繁荣昌盛为出发点,利用家族荣誉激励家族子弟,进行鼓励式教育。王夫之在《耐园家训跋》中不无自豪地写道:"吾家自骁骑公从邠上来宅于衡,十四世矣。废兴凡几而仅延世泽,吾子孙当知其故:醇谨也,勤敏也。乃所以能然者何也?自少峰公而上,家教之严,不但吾宗父老能言之,凡内外姻表交游邻里,皆能言之。"① 王夫之以家庭的荣耀和声誉激励家族子孙不负期盼,努力奋斗,光宗耀祖。同样王介之在《耐园家训》中也用家族的光荣历史和显赫过往激励家族子弟:"余家世勋阀,固称巨室,嗣后儒业相传,虽鲜显达,绝无胥吏隶卒,子孙资性稍可造就,为父兄者亟宜勉加鞭策,使承先绪;如其愚钝,即当务农习艺,安守职业。"② 希望子孙能够奋发向上,有所作为,早日成才,成为文化精英和社会栋梁,为家族增光添彩。

曾国藩在教育家族子弟时也非常注重方法。他在家书中常用家族荣誉激起家族子弟的自豪感,从而引导家族子弟继承优秀家风。早起是曾氏家族的优良传统,曾氏通过描述曾祖父、祖父、父亲三代的优良作风,激发儿子的家族荣誉感,鼓励家族子弟继承优秀家风:"我朝列圣相承,总是寅正即起,至今二百年不改。我家高曾祖考,相传早起。吾得见竟希公、星冈公皆未明即起,

---

① 阳建雄校注:《〈姜斋文集〉校注》,湘潭大学出版社2013年版,第120页。
② 《邗江王氏五修族谱》。

冬寒起坐约一个时辰，始见天亮。吾父竹亭公亦甫黎明即起，有事则不待黎明，每夜必起看一二次不等，此尔所及见者也。余近亦黎明即起，思有以绍先人之家风。尔既冠授室，当以早起为第一先务，自力行之，亦率新妇力行之。"①曾国藩在引导兄弟们践行团结和睦、简朴勤劳家风时也通过讲述祖上的好家风，激起兄弟们的家族荣誉感："我家祖父、父亲、叔父三位大人规矩极严，榜样极好，我辈踵而行之，极易为力。别家无好榜样者，亦须自立门户，自立规条；况我家祖父现样，岂可不遵行之而忍令堕落之乎？"②曾国藩家庭美育的又一方法是褒扬兄弟们高尚的人格魅力，对弟弟在家中的嘉言善行时不时地予以表扬和认可，进行鼓励式教育："诸弟仰观父、叔纯孝之行，能人人竭力尽劳，服事堂上，此我家第一吉祥事。我在京寓，食膏粱而衣锦绣，竟不能效半点孙子之职；妻子皆安坐享用，不能分母亲之劳。每一念及，不觉汗下。"③

2. 宽严相济，情理交融

传统家训很早就认识到治家和治国的宽严是一个道理，教育子弟要严慈结合。《颜氏家训》曰："笞怒废于家，则竖子之过立现；刑罚不中，则民无措手足。治家之宽猛，亦犹国焉。"④教育子弟要把握尺度，过于严格和过于宽松都会造成不好的后果。颜之推就反对因宠失教，认为父母对孩子不能过于溺爱："吾见世间，无教而有爱，每不能然；饮食运为，恣其所欲，宜诫翻奖，应诃反笑，至有识知，谓法当尔。"⑤父母对子女应该赏罚分明，

---

① 曾国藩：《曾国藩全集·家书一》，岳麓书社1985年版，第506页。
② 曾国藩：《曾国藩全集·家书一》，岳麓书社1985年版，第154页。
③ 曾国藩：《曾国藩全集·家书一》，岳麓书社1985年版，第187页。
④ 颜之推：《颜氏家训》，三秦出版社2013年版，第13页。
⑤ 颜之推：《颜氏家训》，三秦出版社2013年版，第3页。

该处罚的不处罚,该训斥的不训斥,等到子女长大了,子女就会认为事情本来就是他们以为的那样,而失去了正确的判断标准。湖南文化家族在对家族子弟进行家庭美育时,也讲究宽严相济、情理交融。他们根据子弟的情况,有时严格要求,严厉训斥,不留情面;有时宽厚仁慈,春风化雨,谆谆教诲;他们对子弟既动之以情,触及其灵魂深处;又晓之以理,使其对自己有深刻而又客观的认识。

  左宗棠教子一向以严格严厉著称,但他也有着宽严相济、情理交融的一面。同治元年(1862年),左孝威乡试考中举人,这是一件可喜可贺的大事情,但是左氏却接连泼冷水,在为人处世上对孝威进行严厉教训和警醒:"尔少年侥幸太早,断不可轻狂恣肆,一切言动均宜慎之又慎。凡近于名士气、公子气一派断不可效之,毋贻我忧。"① 然而一个月后左氏写给孝威的家信中,却又宽厚仁慈,在为人处世方面对孝威谆谆教诲,春风化雨,悉心引导。他首先对近时社会上所谓的名士气进行了描述:"近时聪明子弟,文艺粗有可观,便自高位置,于人多所凌忽。不但同辈中无诚心推许之人,即名辈居先者亦貌敬而心薄之。举止轻脱,疏放自喜,更事日浅,偏好纵言旷论;德业不加进,偏好闻人过失。好以言语侮人,文字讥人,与轻薄之徒互相标榜,自命为名士,此近时所谓名士气。"然后左宗棠又结合自身,谈到自己年少轻狂时相似的缺点和自己的悔悟:"吾少时亦曾犯此,中年稍稍读书,又得师友箴规之益,乃少自损抑。每一念及从前倨傲之态、诞妄之谈,时觉惭赧。尔母或笑举前事相规,辄掩耳不欲听也。"最后结合俗语和自己的教训告诫孝威要引以为戒并对不当的人际交往和无益的小说也要敬而远之:"昔人有云:'子弟不可

---

① 左宗棠:《左宗棠全集》第13册,岳麓书社2009年版,第55页。

第三章 清代湖南文化家族家训的修身思想

令看《世说新语》，未得其隽永，先习其简傲。'此言可味，尔宜戒之，勿以尔父少年举动为可效也。至子弟好交结淫朋逸友，今日戏场，明日酒馆，甚至嫖赌、鸦片无事不为，是为下流种子。或喜看小说传奇，如《会真记》、《红楼梦》等等，诲淫长惰，令人损德丧耻。此皆不肖之尤，固不必论。"① 左氏如此教诲，宽严相济，入情入理，自然也能取得很好的教育效果。

在王夫之青年时期的家庭教育中，他的父亲王朝聘和母亲谭氏一唱一和，体现出宽严相济、情理交融的特点。王夫之所受到的家教也非常严厉，他在《家世节录》中云："先君教两兄及夫之，以方严闻于族党。"② 然而王夫之在《先妣谭太孺人行状》中记录了年轻时父母对他进行教育的情形。王夫之的父亲王朝聘非常严厉，王夫之兄弟犯了错误，他不打不骂，也不和他们讲话："先君子以德威行弘慈，而粹养简靖，尚不言之教。虽不孝兄弟之顽愚，不能默喻，终不征色发声，以施挞戒。每有颠覆违道之行，但正容不语。侍立经旬，不垂盼睐。不孝兄弟怅罔莫知咎所自获，刊心欲改而不识所从。"王夫之的母亲谭氏则非常慈爱宽厚，他一方面和父亲沟通，一方面安慰儿子，促进王氏兄弟深入反省，从思想上真正地认识自己存在的问题和缺点："太孺人乃探先君子之志，而戒不孝兄弟以意之未先，志之未承也；详摘其动之即咎，复之终迷，而祸至之亡日也；申之以长敖从欲之不可终日，而不勤则匮之必仆以陨也。发隐慝以针砭，而述先君子之暗修，以昭涤其昏瞀，既危责之，抑涕泗将之，然后终之以笑语而慰安之。"③

衡山聂继模因《诫子书》而为世人所熟知，其《诫子书》体

---

① 左宗棠：《左宗棠全集》第13册，岳麓书社2009年版，第58页。
② 阳建雄校注：《〈姜斋文集〉校注》，湘潭大学出版社2013年版，第270页。
③ 阳建雄校注：《〈姜斋文集〉校注》，湘潭大学出版社2013年版，第76—77页。

现了聂氏宽严相济、情理交融的特色。乾隆十三年（1748年）八月聂氏之子聂焘以进士出任镇安知县，其父作《诫子书》三千言以赠之，告诫其为官做人之道，字字珠玑，发人深省。《诫子书》中聂氏对儿子要求严格，语言也相当严厉，开篇就写道："尔在官，不宜数问家事，道远鸿稀，徒乱人意。正以无家信为平安耳。"① 其后文中多用"须""宜""不可""切不可"等字眼，充分体现了《诫子书》"诫"这一文体的特色，更体现了聂氏实施家庭美育严厉的特点。但聂氏在教子的过程中也不是一味的严格，其也有着宽厚温情的一面。聂焘在镇安为官，其妻子随行。作为父亲，聂氏在敦促儿子处理好夫妻关系时曰："糟糠之妇，布裙荆钗，安之若素，不致累尔。万水千山，来此穷乡，情殊可念，当相待以礼。凡有不及，须以情恕，官场面孔，毫不宜施。"② 虽然还是有着严厉的字眼，但是言及亲情，聂氏语气变得平缓恳切。他告诉儿子要善待妻子，不能将官场习气带入家庭生活，入情入理，情理交融。

3. 育人为先，不求功利

清代湖南文化家族实施家族美育区别于一般家族的一个显著特点是不求功利，坚持育人为先。封建时代人们崇尚读书，但是人们读书的目的不是单纯地为了获取知识、完善自我，而是"学而优则仕"。清代湖南文化家族则认为读书是为了获取知识，完善自我。因此，他们教育子弟更多是鼓励其读书明理，注重子弟情操的陶冶和人格的完善。

曾国藩在家庭美育中非常重视读书的育人导向作用，注重家族子弟人格的完善。曾国藩久经宦海，阅历丰富，对生活有着很

---

① 魏源：《皇朝经世文编》，《魏源全集》第十四册，岳麓书社2004年版，第309页。
② 魏源：《皇朝经世文编》，《魏源全集》第十四册，岳麓书社2004年版，第311页。

深的感悟。他深知富贵功名有着极强的偶然性和不确定性，不能完全由自己掌握，唯有读书修身可以完全由自己掌握，靠自身的努力而获得。"凡富贵功名，皆有命定，半由人力，半由天事。惟学做圣贤，全由自己作主，不与天命相干涉。"① 因此对于子弟以后荣华富贵与否，他从不好高骛远，华而不实，过分企及，也不抱侥幸心理。他鼓励子弟读书学习，希望家族子弟通过读书学习能够陶冶情操，修身养性，成为知书达理的仁人君子，而不是成为高官显宦："凡人多望子孙为大官，余不愿为大官，但愿为读书明理之君子。勤俭自持，习劳习苦，可以处乐，可以处约。此君子也。"② 曾氏还希望子弟能够不拘外物，具备良好的心态，不管是贫穷还是富贵，都能找到属于自己内心的快乐和宁静。曾国藩的思想是清醒而明智的，他认识到一个人知书明理，有着优美的心灵和开阔的胸襟才是人生真正的财富："富贵功名乃人世浮荣，惟胸次浩大是真正受用。"③

左宗棠在家族子弟美育中不以科名和利禄为出发点，而是注重人格的培养和完善。左氏正直耿介，廉洁奉公。他一生戎马倥偬，为国忘家，然而国家面临着各种危机，上层统治者却昏庸无能。大厦将倾，他深感独木难支，不愿儿子做官和其他官员沆瀣一气，同流合污。他在写给夫人周氏的信中表达了这一心愿："霖儿兄弟总是读书家居为是，断不可令做官，致自寻苦恼。"④ 左氏希望子孙能够耕读传家，修身养性，保持勤苦恬淡、不慕名利的家风，如是则心甚安慰；他告诫子孙功名利禄终是镜花水月，不是可期必之事，否则则是不肖子弟："为子孙能学吾之耕

---

① 曾国藩：《曾国藩全集·家书一》，岳麓书社1985年版，第325页。
② 曾国藩：《曾国藩全集·家书一》，岳麓书社1985年版，第324页。
③ 曾国藩：《曾国藩全集·家书二》第19卷，岳麓书社1985年版，第1082页。
④ 左宗棠：《左宗棠全集》第13册，岳麓书社2009年版，第110页。

读为业，务本为怀，吾心慰矣。若必谓功名事业高官显爵无忝乃祖，此岂可期必之事，亦岂数见之事哉？或且以科名为门户计，为利禄计，则并耕读务本之素志而忘之，是谓不肖矣！"①

彭玉麟指出，家庭美育的目的是修身养性，澡雪精神，增强学识，获取专长而不是取得科举功名。彭氏的侄儿未能通过考试，不能进入县学读书。彭玉麟告诫侄儿读书是为了进德修业，修身养性，提升自我，不是为了科举功名，如果只是为科举功名而读书，不会取得太大的成绩："吾人只有进德修业是分内事，科名两字乃是身外事，分内事由我作主，得尺，则我之尺也；得寸，则我之寸也。进德至何等地步，便算我之地步；修业至何等光景，便算我之光景。至于科名，由命中注定，丝毫不能自主。便算得了科名，德可以不进，业可以不修否！抑科名两字，是进德修业之止境耶！若定要拘拘于科名，则所修学业非为自己学，乃为科名学，吾未见其成。"②

当下教育功利化情况显著，很多家长在教育子弟学习的过程中都望子成龙心切，注重考试成绩，忽视美育。湖南文化家族坚持育人为先，不求功利的家庭美育思想值得我们学习。

（二）独特之处

清代湖南文化家族处于封建社会衰亡的历史时期。作为封建时代的文化家族，它既有对传统家庭美育的继承，同时也表现出新的特点。

1. 民主平等，敞开心扉

1840年鸦片战争之后，中国开始步入近代时期，随着西学东

---

① 左宗棠：《左宗棠全集》第13册，岳麓书社2009年版，第173页。
② 襟霞阁主：《清十大名人家书》，岳麓书社1999年版，第321页。

渐，湖南文化家族的一些开明人士也开始学习借鉴西方的先进思想文化，在家庭美育中体现出民主平等、开放包容的思想。他们开始认识到民主平等是实现和谐亲子关系的准则，在家庭关系中父母和子女是平等的关系，在家庭美育中父母是孩子的指导者和协助者，应该以民主平等的方式相处。曾国藩、左宗棠、胡林翼等人写给子弟的家书中推心置腹的殷切之词比比皆是。曾国藩在写信告诫纪泽写好书法的时候云："余生平有三耻：学问各途，皆略涉其涯涘，独天文算学，毫无所知，虽恒星五纬亦不识认，一耻也；每作一事，治一业，辄有始无终，二耻也；少时作字，不能临摹一家之体，遂致屡变而无所成，迟钝而不适于用，近岁在军，因作字太钝，废阁殊多，三耻也。"① 曾氏敞开心扉和儿子纪泽平等交流的背后，是对儿子的理解、体谅和尊重。他和子弟民主平等的交流也必将给儿子带来更加开阔的人生格局。左宗棠一向训子严苛，但是当儿子长大成人之后也逐渐少了训责之辞，多了推心置腹之语，和儿子敞开心扉，平等交流，多了许多温情色彩。他在写给孝同的信中云："今岁暑热异常，哈密及吐鲁番两处向称极热地方，今夏更甚。我病兼旬甫愈，现服滋阴养肝之剂，亦殊相安。闻入伏后天气转凉，未知何如。酒泉公馆想亦甚热，屋宇低小，不如节署相安，趁秋凉宜棉夹时返兰，免我牵挂。"② 左氏一改往常严厉的面孔，在信中和孝同谈起新疆哈密、吐鲁番的气候，关心身在酒泉的孝同并与其平等交流，显得温情脉脉。

2. 以身作则，言传身教

湖南文化家族深谙"上梁不正下梁歪"的朴素道理。在家庭

---

① 曾国藩：《曾国藩全集·家书一》，岳麓书社1985年版，第418页。
② 左宗棠：《左宗棠全集》第13册，岳麓书社2009年版，第204页。

美育的过程中，文化家族的家长在对家族子弟提出行为美要求的同时，也非常注重自身行为的示范作用。他们在言行举止、容貌仪态等方面严格要求自己，为子弟树立学习的榜样。彭玉麟、曾国藩、左宗棠、郭昆焘、何绍基等人都要求子弟学好书法，练好书法，他们本人的书法也都达到了一定的境界。曾国藩将写字列入日课三大内容之一，在戎马倥偬之际都不曾间断，现存的曾国藩日记都是用端楷写就，字迹工整，挺拔秀丽，浑厚刚健。左宗棠教育其子要仁爱，他本人更是将仁爱思想作为一生的坚守，家乡遭受水灾，他慷慨解囊，捐银一万两；族人有难，他施以援手。孝威进京赶考，他还拿出五百两银子让孝威资助落第的素不相识的同乡举子。文化家族的家长深知"言传"之外更要重视"身教"，要以自己的行为去影响子弟，成为后辈的表率，让他们从长辈身上学会什么应为之，什么不可为之。因此家中长辈平日的一言一行都会被家族子弟看在眼里，记在心里，行在手上，会直接或者间接地对他们产生影响。因此，家长平日必须稳重得体，切不可马虎轻率，不负责任，教育子弟既要讲给他们听，更要做给他们看，以身作则，言传身教。

3. 联系实际，知行合一

湖南文化家族深知"纸上得来终觉浅，绝知此事要躬行"。在家庭美育中，文化家族的家长们认识到单纯的说教既片面又枯燥，缺少说服力。现实生活和身边的人和事为家庭美育提供了丰富生动的素材和案例，因此他们运用这些案例和素材，化抽象为具体，变僵硬说教为生动展现，达到了事半功倍的教育效果。曾国藩教育纪泽读书重视"涵泳"二字时引入自然界的花草树木进行比喻："涵泳二字，最不易识，余尝以意测之。曰：涵者，如春雨之润花，如清渠之溉稻。雨之润花，过小则难透，过大则离披,适中则涵濡而滋液;清渠之溉稻,过小则枯槁,过多则伤涝,适中则涵养而浡兴。泳者,如鱼之游水,如人之濯足……尔读书易于解说文义,却不甚能深入,可就朱子涵泳体察二语悉心求之。"① 曾氏联系实际进行比喻说理,告诉纪泽读书应该涵泳体察,深入浅出,生动形象,富有说服力,易于理解和接受。

三 美育观的作用和启示

在继承中国传统家庭美育的基础上,清代湖南文化家族家庭美育的理论与实践,受社会政治经济环境的影响,表现出了鲜明的时代特征。它以追求仁爱的人伦美、艺术美和行为美为媒介,多层次、多角度展开。湖南文化家族所施行的人伦美、艺术美和行为美的家庭美育在具体实践中相互渗透,相互交融,相辅相成,共同为培养具有尊重礼法,重视亲情,崇尚艺术的理想人格的家族子弟服务,不仅培养了一大批优秀的家族子弟,而且也使得文化家族占据了社会文化优势;不但巩固了文化家族的社会地位,而且也推动了时代审美风尚的形成。

(一)作用

1. 育德导善,学为好人

在古代社会,美育始终依附于德育。美育完全为德育服务,是德育的工具,家庭美育总是围绕培养有道德的人而展开。鸦片战争以后,中国进入近代社会,随着西学东渐,家庭美育的目标也发生了变化,许多具有新思想的知识分子开始提倡美育独立,注重情操的陶冶、人格的健全和个人的发展。但是他们并没有忽视美育的德育功能,在美育中培养高尚的道德情操。由此可见,

---

① 曾国藩:《曾国藩全集·家书一》,岳麓书社1985年版,第409页。

在人性的发展和完善这一点上，美育和德育是相通的，都注重发挥育德导善的作用。

湖南文化家族通过家庭美育正面引导子弟对真善美的追求，使之具有正直、勤劳、善良、助人为乐等优良品质。聂继模《诫子书》告诫儿子："知县是亲民官，小邑知县，更好亲民。作得一事，民间即沾一事之惠，尤易感恩。"① 希望儿子做一个正直、奉公、为民的官员。左宗棠在家训中告诫儿子要明辨是非，对不良习气要敬而远之，引以为戒，对于好的习气要虚心学习，成为善士："一国有一国之习气，一乡有一乡之习气，一家有一家之习气。有可法者，有足为戒者。心识其是非，而去其疵以成其醇，则为一国一乡之善士，一家不可少之人矣。"② 胡林翼告诉敏弟："快乐诚为人生要事，然亦须自己求之，非他人所能勉强而致者也。安乐之境，至为无定。同一处境，而彼此之苦乐不同，其所感者异也。"③ 希望弟弟能够保持良好的心态，寻找属于自己的快乐，不要盲目攀比。清代中晚期，中国逐渐进入半殖民地半封建社会，资本主义向中国进行资本输出时，也将鸦片等贩卖到中国，使得很多人沉溺于吸食鸦片，人财两空。湖南文化家族在进行家庭美育的过程中也以社会上的丑恶现象告诫家族子弟要远离不良习气，注重修身养性。《邵西罗氏家训》即告诫族人注重修身养性，约束自己的言行，培养良好的生活习惯，戒奸淫、赌博、偷盗等邪行，同时也要戒食鸦片，学做好人。由此可见，家庭生活也是实施美育的重要领域，只要我们做家长的善于捕捉时机，做有心人，家庭美育的育德导善功能就能更好的发挥。

---

① 魏源：《魏源全集》第十四册，岳麓书社 2004 年版，第 311 页。
② 左宗棠：《左宗棠全集》第 13 册，岳麓书社 2009 年版，第 7 页。
③ 胡林翼：《胡林翼集》第二卷，岳麓书社 1999 年版，第 996 页。

2. 陶冶情操，启迪智慧

家庭美育有利于陶冶情操，启迪智慧。清代湖南文化家族在家庭美育中都重视子弟的书法教育，书法对陶冶情操，启迪智慧的作用就很大。书法有助于观察力的培养：在练习书法的过程中，学会观察，认识汉字的组成，进而发现和认识规律。书法有助于专注力的培养：通过全神贯注地临摹和练习，增强人的耐心，提高专注力。书法有助于想象力的培养：书法讲究构思在前，想象力的培养是学好书法的重要因素。另外，读书也有利于发挥人的想象力，培养敏锐的感受力。现代生理学证明，人类智力的发展是从双手和眼睛的活动开始的，通过读书，可以发展人的想象力和创造力。

家庭美育陶冶情操、启迪智慧的作用还体现在和谐的家庭关系中。一个和谐的家庭，家庭成员间融洽的人际关系，家庭生活中表现出来的人性美、人情美、人格美，也会对子女的智力发展产生积极的影响。孩子在充满了亲情、关怀和鼓励的家庭环境中生活和学习，受到美的熏陶，不仅能陶冶情操，心情舒畅，而且对其智力开发也会大有好处。相反，家庭关系紧张的孩子由于在家庭中得不到温暖，感受不到亲情和爱，内心会受到极大压抑，往往处于紧张状态，表现得沉默寡言、过于冷漠，各方面的才能也不能很好的发挥出来。湖南文化家族重视家庭美育。在家族长辈的殷殷教导下，文化家族聚集了许多具有高水平审美能力的人才。他们具有同样的审美趣味，不仅使得文化家族出现了人才繁盛、家族隆兴的局面，而且也取得了文化优势。这一优势和政治、经济优势结合在一起，成为文化家族长盛不衰的重要原因。

家庭美育的开展为文化家族培养了大量的文学艺术人才。湖南文化家族中父子、兄弟姊妹都擅长文学的现象也非常普遍。如衡州邗江王氏家族王夫之著作丰富；其长子王攽著有《诗经释略》；次子王敔学问渊博，系"楚南四家"之一，又有"楚南三王"之誉。湘阴郭氏家族中郭嵩焘、郭昆焘、郭仑焘兄弟三人皆有才学。郭嵩焘著有《养知书屋诗文集》《礼记质疑》《大学质疑》《中庸质疑》等；郭昆焘著有《云卧山庄诗文集》；郭仑焘著有《萝花山馆遗集》。三人以文章器识并重于时，人称"湘阴三郭"。善化贺氏家族的贺长龄、贺熙龄、贺桂龄兄弟三人皆为进士，在近代中国文化教育史上作出了突出贡献。湘潭张氏家族从康熙年间的张文炳到道光年间的张声玠，二百多年来文人辈出，刊印了40余部作品集，涌现了三十多位文学家，被誉为湖南第一诗家。新化邓氏家族俊才辈出，邓显鹤、邓显鹃和子辈邓琮、邓瑶、邓璟及孙辈邓光绳、邓光绪、邓光统等都好为诗词，是著名的文学家。嘉道年间湘潭郭氏家族才女频出，出现了以郭步韫、郭友兰、郭佩兰、郭漱玉、郭润玉等为代表的闺秀诗歌创作群体。她们佳作屡现并带动了周边地区女性的文学创作。清代湖南文化家族中也有着许多成就突出的艺术家。邓显鹤之子邓琮就"擅书法，精隶书，同时工于篆刻"①。湘潭陈氏家族的陈鹏年博学多才，长于文翰，而且书法颜真卿，尤其擅长行草书；陈鹏年之子陈树芝、陈树薯与父亲一样喜好书法，为时人所赞赏。道州何氏家族中前后四代父子相承，兄弟相因，涌现出了以何凌汉、何绍基、何绍京、何维朴等七位以书法名世的大师级人物。其中何绍基还自成一家，探索创立了"回腕悬书"的执笔方法；他突破了传统书学禁锢，把碑学书法的审美原则落实到各书体领域，创立了独树一格的新书体——"蝯书"，成为在书法史上作出独

---

① 王勇、唐俐：《湖南历代文化世家·四十家卷》，湖南人民出版社2010年版，第60页。

创性贡献，具有开宗立派地位、引领书学新潮流的大书家。

3. 培养爱好，提升特长

家庭美育的又一作用是培养了子弟的兴趣爱好，提升了他们的特长之处。兴趣爱好可以开阔人的眼界，不仅可以使人的个性得到充分发展，精神境界高尚，而且可以使人胸襟豁达，充满朝气；一个人如果有着广泛的兴趣爱好，会感受到生活的美好，体会到生活的丰富多彩，从而能够健康地成长。当一个人有着持续稳定的兴趣爱好，并进一步提升为自己的特长，就会得到自信和自尊，感受到成功的快感，获得生命的快乐。反之，如果一个人没有任何兴趣爱好，不仅会感到精神空虚、烦闷苦恼，而且也会对生活和学习失去热爱，从而影响到他的成长和发展。家庭美育是一切美育的基础，它对家族子弟的影响将贯穿其一生，应引起家长的高度重视。家庭不仅为子女提供了生活环境，而且也为子女提供了学习环境，为培养孩子的爱好和特长创造了得天独厚的条件。因此，在家庭美育中，我们要以人为本，充分培养爱好，提升特长。

清代湖南文化家族的家庭美育培育了家族子弟的兴趣爱好和特长，提升了家族子弟的艺术创作和鉴赏能力，营造出了浓郁的家族文学艺术氛围，为家族人才的井喷提供了土壤。家庭美育以家风为载体，通过家训教育子弟，培养家族子弟的兴趣和特长，湖南文化兴盛也与文化家族重视家庭美育，培养爱好，培养特长有着密切的联系。道州何氏家族的何凌汉擅长书法，家庭内有着浓厚的书法文化氛围。他在自身喜好书法的同时也重视何绍基、何绍业、何绍祺书法的学习，注重培养他们对书法的兴趣和爱好，带着儿子们临碑访帖，学习唐代书法家欧阳询、欧阳通父子和李邕的书法，为他们打下了扎实的书法基础。邵阳车氏家族的车万育重视培养子弟诗歌方面的兴趣爱好，他根据儿童读诗、学诗的特点，总结前人的经验和自身的心得，吸取了教条式教育的教训，以生动的韵文形式和丰富多彩的内容编写了《声律启蒙》供家族子弟掌握对偶技巧和声韵格律，其子车鼎晋十岁即能作诗。《声律启蒙》也成为清代至今家喻户晓的儿童启蒙读物。

值得特别指出的是，湖南文化家族兴趣爱好广泛，不少家族成员多才多艺，堪称文艺全才。如湘潭张氏家族文人辈出。其中，张文炳诗赋俱佳，又能作画，颇擅墨竹；张九钺是清代中期有名的诗人，同时也是一位优秀的戏曲作家，代表剧作为《六如亭》；张声玠诗文优美，杂剧创作也很丰富，创作了《琴别》《画隐》《游山》等九种杂剧。湘乡易氏家族以诗书传家，是清代前中期湘中有名的文化家族。其中，易贞言博通经史，以诗书教育子侄。其子侄易宗瀛、易宗涒、易宗洛、易宗洪、易宗潮、易宗海，孙辈易祖栻、易祖李、易祖榆、易祖槐等皆成为一时之才，或以诗文名世，或以书画闻名。

湖南文化家族人才聚集，家族繁盛，甚至出现了家族人才井喷和人才家族化的现象，这是文化家族重视家庭审美教育，注重培养家族子弟兴趣爱好，提升特长的必然结果。文化家族一门能文，多才多艺，拥有着其他家族无可比拟的文化优势，对于维护家族地位有着重要意义。因此，文化家族的家庭美育使其在激烈的社会竞争中始终能够处于有利地位，成为家族繁荣延续的重要因素。

（二）启示

清代湖南文化家族的家庭美育运用人伦道德之美、文学艺术之美、行为礼仪之美来塑造家族子弟善美合一的理想人格，从而达到修身、齐家的目的，进而促进家庭和睦、增强了家庭凝聚力。文化家族的家庭美育对我们今天的家庭教育也有着启发意义。

第三章　清代湖南文化家族家训的修身思想

家庭美育要坚持以人格培养为导向。1917年4月，蔡元培在《以美育代宗教说》中曾言："纯粹之美育，所以陶养吾人之感情，使有高尚纯洁之习惯，而使人我之见、利己损人之思念，以渐消沮者也。"① 可见，美育之目的在于陶冶活泼敏锐之性灵，养成高尚纯洁之人格。清代湖南文化家族都非常重视家庭美育。他们不仅注重子弟的技能学习和教育，而且还重视文学艺术、日常交际、礼貌礼仪等方面的学习。相对于传统家庭培养子弟以光宗耀祖为目的，极少关注子弟人格的发展和完善，湖南文化家族在进行家庭美育的过程中以陶冶情操、启迪美感、塑造健全人格为目标，注重家族子弟人格的完善。社会在发展，时代在进步，我国的教育事业取得了世人瞩目的成绩。但是我们的家庭美育却没有同步发展，有的家长对家庭美育重视度不够，甚至走向了极端。一种极端是有的家长认为教育就是智育，学习的目的就是考上理想的大学，因此他们将注意力完全投向了文化课程的学习，对家庭美育完全忽视；另一种极端是部分家长认为美育需要专业的知识和技能，是学校教育的一部分，不可能在家庭完成，因此把美育完全交给学校；再一种极端是有的家长片面理解美育，把美育等同于技能教育，于是他们把孩子完全交给了兴趣班，认为孩子只要学会了绘画、唱歌、书法、舞蹈就算是完成了美育，一切都万事大吉了。家庭美育是一种情感教育，需要细心和耐心，不能揠苗助长，更不能带有功利目的。因此，我们实施家庭美育就要向文化家族学习，坚持以人格培养为导向，将家庭美育渗透到我们的家庭生活中，培养孩子的审美能力，使他们具有欣赏美和创造美的能力。

家庭美育要把家长素养的提升作为关键。清代湖南文化家族以文化为立身之本，重视子弟的家庭美育。在文化家族中，家长

---

① 蔡元培：《蔡元培全集》第三卷，浙江教育出版社1997年版，第60页。

都是文化人士，接受了系统的封建文化教育，不仅知书达理，而且往往都具有科举功名。如王夫之、王介之兄弟都是举人；胡达源、胡林翼父子皆为进士；左宗棠是举人；曾国藩是进士；郭嵩焘、郭昆焘是进士，郭仑焘是诸生等。他们熟稔教育规律，具有较高的文化素养和审美能力，不仅重视家庭美育，而且注重方式和方法，他们通过家庭美育所教育出来的子孙不仅有着较高的审美能力，而且有着美好的人格。由此说明，家长的素养是家庭美育的关键，家长素养的高低影响着家庭美育的效果。反观现实生活之中，有的家长把孩子美育的任务要么交给了学校、要么交给了培训班，就是不肯自己承担，殊不知家庭教育尤其是家庭美育是孩子最早接受的美育。人在幼年时期绝大部分时间是在家庭中度过的。家长是孩子的一面镜子，孩子是家长的影子。家长的言行举止、思想观念、生活态度都会潜移默化地影响孩子。列夫·托尔斯泰说过："全部教育，或者说千分之九百九十九的教育都归结到榜样上，归结到父母自己生活的端正和完善上。"湖南文化家族的家长个人修养都很高，他们在以身作则的同时仍然不断地加强自身的学习和修为。曾国藩在道光二十二年的信中告诫弟弟们要坚持学习："予自立课程甚多，惟记茶余偶谈、读史十叶、写日记楷本，此三事者誓终身不间断也。诸弟每人自立课程，必须有日日不断之功，虽行船走路，俱须带在身边，予除此三事外，他课程不必能有成，而此三事者，将终身以之。"[①] 因此，作为家长，要树立终生学习的理念，自觉主动地加强学习，不断提高自身的文化素养和审美修养。

  家庭美育要重视良好家庭氛围的营造。家庭氛围是指家庭环境的气氛与情调，是一个家庭中家庭成员之间的关系及其所营造

---

① 曾国藩：《曾国藩全集·家书一》，岳麓书社1985年版，第47页。

第三章 清代湖南文化家族家训的修身思想

出的人际交往的情境和氛围,它对家庭成员的精神和心理都起着非常重要的作用,是家庭成员生活及成长的重要环境因素。家庭氛围客观存在于每个家庭之中,对生理和心理都处于迅速发育和发展中的年幼子女有着重要的影响,关系着家庭中年幼子女个性品格的形成。事实证明,氛围宽松健康的家庭,家庭子女性格一般会活泼开朗,自信乐观,其家庭美育也能收到较好的效果;氛围紧张沉闷的家庭,其子女的性格往往会有缺陷,其家庭美育效果也会大打折扣。因此,和谐健康的家庭氛围是家庭美育顺利开展的重要保证。清代湖南文化家族认识到家庭氛围对家庭美育的作用和影响,在家庭中互帮互助、互敬互爱,重视家庭氛围的建设和维护。曾国藩重视兄弟情谊,重视营造团结和睦、其乐融融的家庭氛围。他把九弟曾国荃接到身边读书,当弟弟有了情绪之后,曾氏自我反省,力求化解:"自从闰三月以来,弟未尝片语违忤,男亦从未加以词色,兄弟极为湛乐。兹忽欲归,男寝馈难安,展转思维、不解何故。男万难辞咎。父亲寄谕来京,先责男教书不尽职、待弟不友爱之罪,后责弟少年无知之罪,弟当翻然改寤。男教训不先,鞠爱不切,不胜战栗待罪之至。伏父母亲俯赐惩责,俾知悛悔遵守,断不敢怙过饰非,致兄弟仍稍有嫌隙。男谨禀告家中,望无使外人闻知,疑男兄弟不睦。"[①] 因此在家庭之中,家庭成员都要尽力做到相互体谅、相互关心、相互爱护,创造健康和谐的家庭氛围,让子弟在良好的家庭氛围中开心愉快地接受美育,更好的成就自我。

家庭美育还要注意内容和形式的多样性。美无时不在,无处不有。美包括人伦美、文艺美、行为美等多重范畴,美存在于我们生活的方方面面。但是在现实生活中却有不少人把家庭美育等

---

① 曾国藩:《曾国藩全集·家书一》,岳麓书社1985年版,第14页。

同于艺术教育，认为教孩子学一项艺术特长就是家庭美育，或者把孩子送到培训机构学习就算是万事大吉了。因此，我们要学习湖南文化家族家庭美育中好的做法。湖南文化家族的家庭美育内容丰富，形式多样，通过利用家庭、文学艺术、日常生活等途径方便灵活地开展家庭美育，而不是刻意进行。如道光十二年（1832）陶澍嘱咐女婿胡林翼送外姑到其江南任所，顺路饱览江南山水风光，胡氏感叹不已："游玩之余，心怡神旷，与黔中情形又复不同。盖黔中天然之胜景多，而金陵则历史上之古迹多，故观感亦复各异也。"① 因此，家庭美育的内容和形式也不应有所局限，要注意内容和形式的多样性。曾国藩身居高位，日理万机，没有专门的时间来练习书法，他就在写日记的同时练字，用端正的楷书记下日间生活，体现了美育的灵活性。日常生活的行为美也是家庭美育的重要内容，我们可以在日常生活中教育子女，教给他们礼貌用语和文明习惯，教育子弟互爱互敬，互帮互助。

总之，清代湖南文化家族的美育观是家庭教育智慧的凝结，是家族长辈教育后代的独特理念和思想成就。文化家族的家庭美育对理想人格的追求，对高尚且有趣的生活方式的构建，在今天仍然具有永恒的魅力。在实现中华民族伟大复兴的征途中，我们要坚持发扬文化家族家庭美育理论的精髓，推动和促进当代家庭美育教育的构建。

第三节 仕宦观

清代社会政治、经济和文化教育的发展，为湖南文化家族的

---

① 胡林翼：《胡林翼集》第二卷，岳麓书社1999年版，第949页。

第三章 清代湖南文化家族家训的修身思想

成长和家族人才的形成提供了温床。清代以前"湖南人碌碌无所重于天下"①，到了清代形势逆转，出现了"清季以来，湖南人才辈出，功业之盛，举世无出其右"②的兴盛局面。历史发展到近代，湖南文化家族大量涌现，以文化家族人才为代表的湖南才俊急剧增加，湖南不仅成为近代中国人才最兴盛的省份，而且还涌现出了许多家族人才群体。"楚省风气，近年极旺，自曾涤生领师后，概用楚勇，遍用楚人。各省共总督八缺，湖南已居其五……巡抚曾国荃、刘蓉、郭嵩焘皆楚人也，可谓盛矣。至提镇两司，湖南北者，更不可胜数。曾涤生胞兄弟两人，各得五等之爵，亦二百年中所未见。"③清代湖南文化家族人才兴盛，其中尤以政治、军事人才较多，他们积极参与政治、军事，在长期的从政生涯中，积累了丰富的仕宦经验，也为后人留下了较为丰富的关于仕宦的家训。

一 恪守官箴，重清慎勤

我国历来重视官员的道德修养，尤其重视官员的清廉和勤勉。早在先秦时期，清廉为官就为人们重视和称道。孔子在《论语·里仁》中曰："富与贵，是人之所欲也。不以其道得之，不处也。贫与贱，是人之所恶也。不以其道得之，不去也。"④孔子反对不择手段地获取财富和地位，主张清廉为官。孟子在《孟子·离娄下》曰："可以取，可以无取，取伤廉。"⑤孟子认为有些钱

---

① 张枬、王忍之：《辛亥革命前十年时论选集》第一卷，生活·读书·新知三联书店1960年版，第618页。
② 谭其骧：《中国内地移民史·湖南篇》，《史学年报》1932年第1卷第4期。
③ 张集馨：《道咸宦海见闻录》，中华书局1981年版，第377页。
④ 陈戍国点校：《四书五经》，岳麓书社1991年版，第22页。
⑤ 陈戍国点校：《四书五经》，岳麓书社1991年版，第102页。

财可以拿，也可以不拿，但是如果拿了就会伤害廉洁。《荀子·荣辱》云："先义而后利者荣，先利而后义者辱。"① 荀子主张先义后利，反对见利忘义。能否做到清廉和勤政成为我们判断官员称职与否的重要标准。

南宋吕本中，世称东莱先生，官至中书舍人。他最早将清廉和勤政结合起来，提出了"清慎勤"的为官格言。他在《官箴》一书中开宗明义地指出："当官三法，唯有三事：曰清，曰慎，曰勤。知此三者，可以保禄位，可以远耻辱，可以得上之知，可以得下之援。"② 他认为当官的法则，只有三条，即清廉、谨慎、勤勉。"清慎勤"三字的为官之道，被后人称为"千古不可易"。《四库全书总目·吏部·官职类》对吕氏《官箴》评价极高："《官箴》一卷，宋吕本中撰。此书多阅历有得之言，可以见诸实事。书首即揭清、慎、勤三字以为当官之法，其言千古不可易。"康熙朝刑部尚书王士禛云："上尝御书清、慎、勤三大字，刻石赐内外诸臣。案此三字，吕本中《官箴》中语也。是数百年后尚蒙圣天子采择其说，训示百官，则所言中理可知也。虽篇帙无多，而词简义精，故有官者之龟鉴也。"③ 文中的"上"就是指康熙皇帝，这说明清代从康熙时期就把"清、慎、勤"三个字作为官箴了。

清代湖南文化家族在家训中恪守《官箴》，重视清慎勤。湘阴人王朗川在《言行汇纂》中指出："居官以清廉为最。今人以廉吏不可为，而借口于清官害子孙之说。谓官清，则子孙不免有清贫之苦也。岂真有所贻害子孙乎！或曰：清官必执，安得无害？是尤不解清与执二字之义矣。清者，廉洁不妄取之谓也。执者，

---

① 方勇、李波译注：《荀子》，中华书局2011年版，第42页。
② 吕本中：《官箴》，《文渊阁四库全书》第602册，上海古籍出版社1987年版，第652页。
③ 王士禛：《古夫于亭杂录》，中华书局1988年版，第25页。

第三章 清代湖南文化家族家训的修身思想

执拗之谓也。二者，原无相因之义。如谓清者必执，执者必清，则是贪者必通，而通者必贪矣。夫执者其性偏，又或为学术所误。凡事皆存先入之见，不肯虚心细思。又不肯与人相议，并不肯下问于人。不独清执也，即贪亦执。是天下原自有执之人，而非清为之祸明矣。安得谓清者必执乎！"① 王朗川把清廉看作是做官最重要的品质，并认为清廉和执拗没有因果联系，体现了对传统《官箴》思想的继承。

湘阴三郭之一的郭昆焘为四品京堂，其子郭庆藩以军功累保知府，分发浙江。郭昆焘将自己为官的心得和经验写成《论居官十五则示儿子庆藩》，提醒儿子恪守清慎勤的官箴："清、慎、勤，自古相传官箴也。然非主之以明，则清以自守，而假威福以恣贪饕者，无从觉察而禁制之也；慎以处事，而因迟疑以成积压者，无从洞达而断决之也；勤以办事，而值繁难以滋纷扰者，无能昭晰而次第之也。或以清之故而流为刻薄，以慎之故而归于畏缩，以勤之故而多所纰缪。不明之蔽，势将与不清、不慎、不勤者殊涂而同归，而美名既居，厥咎莫执，后来补救之难，或较甚焉，此不可不辨！惟诚可以生明，惟明可以广才。盖有诚心则必有真意，有真见则必有实力，力所至而识充焉，识所通而才出焉。天下之安于无才者，必其未尝诚于任事者也。"② 在父亲的鞭策下，郭庆藩在为官期间恪守清慎勤的官箴，清正廉洁，忠于职守："在浙两管榷税，不试守郡"，"在苏主扬州运河堤工，躬亲劳苦，功效章明"。郭庆藩还积极支持洋务运动，并向北洋通商大臣、直隶总督李鸿章和湖南巡抚王文韶建言献策，引起了当局的重视。

湘乡曾国藩从自概的角度出发，指出清慎勤是自概之道。在

---

① 陈宏谋：《五种遗规》，线装书局2015年版，第436页。
② 魏源：《魏源全集》第十四册，岳麓书社2011年版，第309页。

写给沅弟曾国荃和季弟曾国葆的信中，为便于明白，他还将清慎勤的自概之道改为廉谦劳，并希望弟弟们能够牢记，时时自我约束："自概之道云何？亦不外清、慎、勤三字而已。吾近将清字改为廉字，慎字改为谦字，勤字改为劳字，尤为明浅，确有可下手之处。沅弟昔年于银钱取与之际，不甚斟酌，朋辈之讥议菲薄，其根实在于此。……以后宜不妄取分毫，不寄银回家，不多赠亲族，此廉字工夫也。谦字存诸中者不可知，其着于外者，约有四端：曰面色，曰言语，曰书函，曰仆从属员。沅弟一次添招六千人，季弟并未禀明，径招三千人，此在他统领断做不到者，在弟尚能集事，亦算顺手。而弟等每次来信，索取帐棚子药等件，常多讥讽之词、不平之语，在兄处书函如此，则与别处书函更可知矣。沅弟之仆从随员，颇有气焰，面色言语，与人酬接时，吾未及见，而申夫曾述及往年对渠之词气，至今饮憾。以后宜于此四端，痛加克治，此谦字工夫也。每日临睡之时，默数本日劳心者几件，劳力者几件，则知宣勤王事之处无多，更竭诚以图之，此劳字工夫也。余以名位太隆，常恐祖宗留诒之福自我一人享尽，故将劳、谦、廉三字时时自惕，亦愿两贤弟用之以自惕，且即以自概耳。"① 在兄长的教育下，曾国荃和曾国葆以清慎勤为自概之道。曾国荃因其战功和政绩历任陕西巡抚、山西巡抚、两江总督等重要官职。曾国葆在讨剿太平天国的战争中屡立战功，因操劳过度，1862年病逝于南京的湘军大营内。

清慎勤的官箴对彭玉麟等湘籍将领也产生了很大的影响。曾国藩不仅以清慎勤的官箴教育弟弟，还用来教育部下。彭玉麟受曾国藩的邀请加入湘军，在衡州和曾国藩一起创建湘军水师。彭玉麟非常服膺曾国藩的思想，他在给弟弟的信中写道："前日与

---

① 曾国藩：《曾国藩全集·家书二》，岳麓书社1985年版，第833—834页。

第三章 清代湖南文化家族家训的修身思想

曾帅往复讨论行慊于心之道，曾帅复函，谓欲求行慊于心，不外清慎勤三字。且谓壬戌九月，尝就日记，将此三字引申其义。清字曰无贪无竞，省事清心，一介不苟，鬼伏神钦。慎字曰战战兢兢，死而后已，行有不得，反求诸己。勤字曰手眼俱到，心力交瘁，困知勉行，夜以继日。嘱垂训军中。余乃终身谨守，觉遇大忧患大拂逆，可免世俗不少尤悔。吾弟来书，谓朝野间对我舆论翕然无微词，京中都道彭玉麟处事明断。几句话或恐未实。惟余独冀学古人之居上位而不骄耳。"① 彭玉麟和曾国藩讨论行慊于心之道，曾国藩以清慎勤告之。他牢记曾国藩的嘱托并终身谨守清慎勤的官箴，为官有政声，深得官兵拥护，官至两江总督兼南洋通商大臣、兵部尚书，封一等轻车都尉，成为清朝著名政治家、军事家，并与曾国藩、左宗棠、胡林翼并称"晚清中兴四大名臣"。

二 居官不可作受用之想

清代尤其是清代中晚期湖南文化家族因为科举或者战功，不少都成为显赫一时的仕宦家族。尽管如此，士人出身的底色注定了儒家民本思想对他们有着深厚的影响。《尚书·五子之歌》记载了太康的五个弟弟追述大禹的训诫："民惟邦本，本固邦宁。予视天下，愚夫愚妇一能胜予。一人三失，怨岂在明，不见是图。予临兆民，懔乎若朽索之驭六马，为人上者，奈何不敬。"② 大禹认为人民是国家的根基，根基牢固了国家才能安宁，他首次提出"民惟邦本，本固邦宁"的民本思想。春秋战国时期儒家的孔子、孟子、荀子就对待人民的态度这一议题形成了初步的思想体系，提出了"安民利民""民贵君轻""平政爱民"等以人民为重，

---

① 襟霞阁主：《清十大名人家书》，岳麓书社1999年版，第326页。
② 陈戌国点校：《四书五经》，岳麓书社1991年版，第227页。

只有赢得民心，才能得到天下的观点。这些思想无疑对清代湖南文化家族的仕宦观产生了影响，他们在家训中教育子弟为官就要造福于民，不做受用之想。

王朗川认为，为民造福和为己享福是居官者人鬼之分的关键，而且提出了"居官不可作受用之想"的观点："居官不可作受用之想。天之生我，异于众人，与以治世之职，是造福于世之人，非享福之人也。乃不念造福之理，事事为享福计。官署必欲华美，器用必欲精工，衣服必欲艳丽，饮食必欲甘美。甚且不但为自己享福计，且为子孙享福计。良田欲得万亩，大厦欲构千间，珍玩必求全备。百计搜索横财，以供享福之用。噫！误矣。上天生尔为造福之人，今反为造殃之人。清夜自思，上天岂肯宽贷也（造福享福二念，居官者人鬼关头）！"① 王朗川指出为官要有责任感和使命感，要把为民造福作为为官者治世的职责，警示后人做官不能事事想着享受，更不能为自己享福甚至为子孙享福考虑而贪污腐败，这一观点无疑具有积极意义。

曾国藩身居高位，担任要职，在官场腐败的晚清，他洁身自好，在写给弟弟们的信中谈到了自己不存做官发财之念，不留银钱给后人的仕宦观："予自三十岁以来，即以做官发财为可耻，以宦囊积金遗子孙为可羞可恨，故私心立誓，总不靠做官发财以遗后人。神明鉴临，予不食言……将来若作外官，禄入较丰，自誓除廉俸之外，不取一钱。廉俸若日多，则周济亲戚族党者日广，断不畜积银钱为儿子衣食之需。盖儿子若贤，则不靠宦囊，亦能自觅衣饭；儿子若不肖，则多积一钱，渠将多造一孽，后来淫佚作恶，必且大玷家声。故立定此志，决不肯以做官发财，决不肯留银钱与后人。若禄入较丰，除堂上甘旨

---

① 陈宏谋：《五种遗规》，线装书局2015年版，第435—436页。

第三章 清代湖南文化家族家训的修身思想

之外,尽以周济亲戚族党之穷者。此我之素志也。"① 曾国藩以做官发财为可耻,不留银钱与后人的思想对曾氏子弟影响极大,曾氏后人大多知书明理,勤奋好学,成了栋梁之材,为社会发展做出了贡献。

左宗棠生于寒素之家,性格向来刚直,为官清廉,所得收入和养廉银都用来帮助故旧,捐办义学。左公虽然身居高位,但他对子女要求却非常严格,经常以做官不留金钱的仕宦观告诫子孙:"吾积世寒素,近乃称巨室,虽屡申儆不可沾染世宦积习,而家用日增,已有不能撙节之势。我廉金不以肥家,有余辄随手散去,尔辈宜早自为谋。"② 左宗棠也告诫子孙做官不应该有富贵气,自己清廉做官,不买田宅遗子孙:"尔等所说狮子屋场庄田价亦非昂,吾意不欲买田宅为子孙计,可辞之。吾自少至壮,见亲友作官回乡便有富贵气,致子孙无甚长进,心不谓然,此非所以爱子孙也。"③ 左宗棠不留金钱、田宅给子孙的仕宦观使得他一生清廉,有着极好的官声,成为晚清名臣。左宗棠不留金钱、田宅给子孙的仕宦观对左孝威、左孝宽、左孝勋、左孝同产生了很大的影响,使他们在踏入仕途之后也能够两袖清风,保持清白家声。

郭昆焘为道光甲辰科举人,官内阁中书。郭庆藩为昆焘长子,自幼读书于家塾云卧山庄。其一生为官治学多得父辈教益。郭昆焘作《论居官十五则示儿子庆藩》告诫儿子不要有自私自利之心:"一有自私自利之心,则国计民生之相待,愧负者多矣。君子之居官,上顾吾君,下顾吾民,中亦顾吾身。所谓顾吾身者,

---

① 曾国藩:《曾国藩全集·家书一》,岳麓书社1985年版,第183页。
② 左宗棠:《左宗棠全集》第13册,岳麓书社2009年版,第173页。
③ 左宗棠:《左宗棠全集》第13册,岳麓书社2009年版,第138页。

非第善保宠、荣利禄而已。其视吾身为朝廷所倚任,闾阎所依赖,即不得薄待其身,以堕于一切苟且之行。自肥者,自污者也;自满者、自损者也。循吏不为身家计,而身家常泰;墨吏专为身家计,而身家常倾。君子于此可以知所择矣。"① 郭昆焘告诫儿子做官要做一个君子,不存私心,不做苟且之行。郭庆藩也不负父望,历任浙江知府、江苏道员且克己奉公,为官有政声。

三 约束家属,不干预地方事务

"一人得道,鸡犬升天。"为官之人,权力在握,往往比一般人掌握着更多的社会资源。中国古代社会常有一人跻身官场,子孙亲友都跟着得势得利,仗势欺人,颐指气使,翻手为云,覆手为雨,甚至干预地方事务的情况。历史上,高官显宦家人因飞扬跋扈,为恶一方而招致祸端,引火烧身的事例也屡见不鲜。因此,约束家人的行为对为官者也非常重要。清代湖南文化家族不少人都在外地担任高官显宦,尽管公务繁忙,他们对于家眷在家乡的所作所为也没有听之任之,不闻不问。他们经常利用家属探亲和家书往来之机教育家属注意自己的言行举止,不要骄奢倦怠,不要干预地方事务。

曾国藩身居高位,却时时不忘对家人的劝诫和教育。他告诫儿孙在家要保持勤苦俭约的习惯,不要骄奢倦怠。他在写给儿子曾纪鸿的信中谆谆告诫:"凡仕宦之家,由俭入奢易,由奢返俭难。尔年尚幼,切不可贪爱奢华,不可惯习懒惰。无论大家小家、士农工商,勤苦俭约,未有不兴,骄奢倦怠,未有不败。"② 曾国藩还多次告诫家属不要干预地方事务。九弟曾国荃考中秀才,他在写给

---

① 郭昆焘:《郭昆焘集》,岳麓书社2011年版,第204页。
② 曾国藩:《曾国藩全集·家书一》,岳麓书社1985年版,第324页。

父母的信中告诉双亲自己不愿写信给地方官致谢,并叮嘱父母:"我家既为乡绅,万不可入署说公事,致为官长所鄙薄。即本家有事,情愿吃亏,万不可与人构设,令官长疑为倚势凌人。"① 曾国藩的父母到省城、县城为他人说坟山事、命案事,曾国藩再次写信给家人一再嘱咐:"凡乡绅管公事,地方官无不衔恨。无论有理无理,苟非己事,皆不宜与闻。地方官外面应酬,心实鄙薄,设或敢于侮慢,则侄觍然为官而不能免亲之受辱,其负疚当何如耶?以后无论何事,望劝父亲总不到县,总不管事,虽纳税正供,使人至县。"② 弟弟曾国潢在家乡为周万胜一案受人之托到省城说情,曾国藩在家信中也严厉告诫弟弟:"凡县城、省城、衡城之事,一概不可干预……凡有信托商大营事者,弟概辞以不管可也。捐项事尤不可干预。"③ 他还交代曾国潢和地方官打交道的方法:"吾家于本县父母官,不必力赞其贤,不可力诋其非,与之相处,宜在若远若近、不亲不疏之间。渠有庆吊,吾家必到;渠有公事,须绅士助力者,吾家不出头,亦不躲避。渠于前后任之交代,上司衙门之请托,则吾家丝毫不可与闻。弟既如此,并告子侄辈常常如此。子侄若与官相见,总以谦谨二字为主。"④ 儿子曾纪鸿即将参加乡试,曾国藩尽管十分挂念,希望儿子能够金榜题名,但是他没有利用自己的影响力请托说情,反而告诫儿子要自重,要凭借实力获取功名,不得和州县地方官来往,不受人请托:"尔在外以谦谨二字为主,世家子弟,门第过盛,万目所瞩……场前不可与州县来往,不可送条子。进身之始,务知自重。"⑤ 尽管纪

---

① 曾国藩:《曾国藩全集·家书一》,岳麓书社1985年版,第114页。
② 曾国藩:《曾国藩全集·家书一》,岳麓书社1985年版,第123页。
③ 曾国藩:《曾国藩全集·家书一》,岳麓书社1985年版,第294页。
④ 曾国藩:《曾国藩全集·家书二》,岳麓书社1985年版,第864页。
⑤ 曾国藩:《曾国藩全集·家书二》,岳麓书社1985年版,第1147页。

鸿乡试落第,曾国藩却始终没有为纪鸿乡试一事找人请托。直到曾国藩去世后,曾纪鸿才因荫赏举人。

彭玉麟常年宦游在外,虽然官居高位,但公务之余仍时刻了解儿子在家乡的所作所为,他听闻儿子在乡党间作威作福便写信给在家的五舅嘱其帮忙约束儿子:"闻不肖子在乡党间作威作福,坏吾官声不少。渠本不识艰苦,生享父荫,眼孔大,口气大,安富尊荣。颐指气使,骄傲之心,入放膏肓而不可救药,尊长呼叱,不知改过趋善,自省自惕。吾深以为虑。这总是侄久离家庭,少教诲所致。……且恳五舅,将不肖子严加约束,吾心庶慰。若再怙恶不悛,当调彼来营服务,使尝午夜星霜,五更刁斗之苦。"① 彭玉麟听说儿子到过地方官署,恐儿子仗势欺人、扰乱地方,再次写信给五舅嘱其留意儿子的行为:"侄最恨者,倚势以凌人。我家既幸显达,人所共知,则当代地方上谋安宁,见穷厄,则量力佽助以银钱;见疾苦,则温谕周恤无盛颜。荣儿年日长,书不读,乃出入衙署作何事? 恐其频数而受人之请托以枉法,或恐官长以侄位居其上,心焉鄙之,而佯示亲善,总觉惹人背后讥评。请大人默察其所为。"② 在了解儿子的所作所为之后,彭玉麟告诫儿子不要出入官署,并训示其和地方官相处之道:"汝于本邑地方官,当敬礼之,不宜频数出入衙署,贤不必汝赞,恐世揶揄其标榜;不贤不必汝诋,恐民之阿附。宜于不亲不疏、若远若近之间,处处避嫌。庆吊可以通,公务不可以与闻也。"③ 彭玉麟严格管教儿子,告诫儿子不要出入衙署为人请托,是其廉洁奉公、疾恶如仇的性格使然。1890 年 3 月,彭玉麟病卒于衡州湘江东岸退

---

① 襟霞阁主:《清十大名人家书》,岳麓书社 1999 年版,第 318 页。
② 襟霞阁主:《清十大名人家书》,岳麓书社 1999 年版,第 338 页。
③ 襟霞阁主:《清十大名人家书》,岳麓书社 1999 年版,第 340 页。

第三章 清代湖南文化家族家训的修身思想

省庵，朝廷赠谥号刚直。

古人云："以铜为镜，可以正衣冠；以古为镜，可以知兴替；以人为镜，可以明得失。"清代湖南文化家族在近代中国政治舞台上扮演着重要的角色，其家训中的仕宦观虽然是服从于、服务于封建统治阶级，但是政治文明具有继承性，借鉴中华优秀传统文化是加强领导干部官德修养的重要途径。湖南文化家族家训中的仕宦观也有着许多积极因素，对其学习借鉴有利于提升领导干部清正廉洁、谦虚谨慎、勤政为民的官德修养，营造洁身自好的官德文化；有利于营造风清气正的政治生态环境，有利于促进领导干部在思想、作风以及反腐倡廉建设等方面的完善和发展。

第四章　清代湖南文化家族家训的训女思想

女训是中国传统家训的重要组成部分。女训又称女教书，是以女性作为教育对象，教育女性如何立身处世及治家教子。历代封建统治者都非常重视女教，女教能否正确施行也关系到政治教化的成功与否。清人廖冕骄《醒闺编》曰："窃思夫妇为人伦之首，闺门乃王化之原。古圣王施政家邦，未有不先及于妇人者。妇人化，而天下无不化矣。"[①] 古人在重视男教的同时也非常重视女教，甚至把女教放到了和男教同等的地位："盖闻男正位乎外，女正位乎内。男女正，天地之大义也，男教故重，而女教亦未可轻。古今家国之际，有圣母即有圣子，有贤妇始有贤夫，政治之本，万化之原，皆系乎此，其教固不重欤？"[②] 女性教育非常重要，影响深远。但是仔细考之，女性教育和男性教育的内容却大相径庭，完全不同。这主要是由男女之间的家庭地位不同所造成的。经济基础决定上层建筑。从父系社会开始，男子在生产中占据了支配的地位，由此，在家庭关系中形成了男主外、女主内的

---

① 廖冕骄：《醒闺编》，张福清：《女诫——女性的枷锁》，中央民族大学出版社1996年版，第151页。

② 夏初、惠玲：《蒙学十篇》，北京师范大学出版社1990年版，第140页。

第四章 清代湖南文化家族家训的训女思想

局面。《礼记·内则》云:"礼始于谨夫妇。为宫室,辨外内。男子居外,女子居内。深宫固门,阍寺守之;男不入,女不出。"①《诗经·斯干》云妇女:"乃生女子,载寝之地。载衣之裼,载弄之瓦。无非无仪,唯酒食是议。"② 东汉《白虎通·论妇人之贽》规定:"妇人无专制之义,御众之任,交接辞让之礼,职在供养馈食之间。"③ 中国封建社会以自给自足的小农业与家庭手工业相结合的经济形态,决定了宗法社会以家庭为本位的"男主外,女主内"的社会分工,并形成了男性以修身、齐家、治国、平天下为人生目标和女性以孝顺翁姑、相夫教子为目标的角色定位。这种自然经济结构造就了女性以家庭为中心的家庭角色。家庭是女性的主要生活空间,她们的地位与人生价值主要在家庭中实现。因此,女训即是训导者对时代理想生活状态的女性的期许和书写。

清代湖南文化家族中的女性角色定位仍然是以家庭为主,在家庭中依然是"男主外,女主内"的传统社会分工。清代以前,湖南尚未出现系统而又独立的女训文献。到了清代,湖南的文化家族大量出现,这些文化家族重视家训,也非常重视对家族女性的教育,从而出现了一系列的女训作品。如王朗川《言行汇纂》《女训约言》、刘鉴《曾氏女训》、文先谧《训女锄》、左宗棠的家书、胡林翼的家信以及家谱中家训的相关规条也有对家族女性教导的内容。尤其是王朗川《言行汇纂》、刘鉴《曾氏女训》影响极大。这些家训作品主要内容多是对女子在家庭中的具体行为进行规范,要求她们与家人和睦相处,操持家务,教育子孙,成

---

① 陈戍国点校:《四书五经》,岳麓书社1991年版,第539页。
② 陈戍国点校:《四书五经》,岳麓书社1991年版,第362页。
③ 陈立:《白虎通疏证》,中华书局1994年版,第451页。

为社会所期许的贤妻良母和孝媳。清代湖南文化家族女性教育主要包括女性德行观、女性贞洁观和女性教育观三个方面。

第一节　女性德行观

说起中国传统社会中女性必须遵循的德行，人们就很自然地想起"三从四德"。"四德"指妇德、妇言、妇容和妇功，是封建社会约束妇女的道德规范，是儒家礼教对妇女在道德、行为和修养上的规范和要求。东汉班昭在《女诫·妇行》中解释了"四德"的具体内涵："妇行第四。女有四行，一曰妇德，二曰妇言，三曰妇容，四曰妇功。夫云妇德，不必才明绝异也；妇言，不必辩口利辞也；妇容，不必颜色美丽也；妇功，不必工巧过人也。清闲贞静，守节整齐，行己有耻，动静有法，是谓妇德。择辞而说，不道恶语，时然后言，不厌于人，是谓妇言。盥浣尘秽，服饰鲜洁，沐浴以时，身不垢辱，是谓妇容。专心纺绩，不好戏笑，洁齐酒食，以奉宾客，是谓妇功。此四者，女人之大节，而不可乏之者也。"[①] 由此可见，"四德"不是要求女子才明觉异，能言善辩，美丽动人，工巧过人，而是要求女子不仅娴静贞节，能谨守节操，而且也有羞耻之心，举止言行都有规矩。封建社会中"男主外，女主内"是传统家庭的主要模式，女性在家庭中扮演着妻子、媳妇、母亲、姑嫂等重要的角色。因此，女子品德的培养不仅关系着个人道德素质的培养，而且关系着家族伦理道德的保持和传承。湖南文化家族对妇德的培养主要着眼于道德的提高和妇功的培养，冀望女子在家成为良女，出嫁后成为贤妻良母。

---

① 郭淑新：《〈女四书〉读本》，中国人民大学出版社2016年版，第19页。

第四章 清代湖南文化家族家训的训女思想

清代湖南文化家族重视妇德的养成和教育,他们认为女子若要"有功德于子孙",首先就要重视女性德行的培养。湘阴人王朗川重视女德,他编有《女德二十四条》,将女性的社会角色和应该具有的品质加以总结和概括:"性格柔顺,举止安详。持身端正,梳妆典雅。低声下气,谨言寡笑。整洁祭祀,孝顺公姑。敬事夫主,和睦妯娌。礼貌亲戚,宽容婢妾。教导子女,体恤下人。洁治宾筵,谨饬门户。早起晚眠,少使俭用。学制衣服,学做饮食。打扫宅舍,收拾家伙,蚕桑纺织,孳生畜牲。"① 王朗川认为:"有此女德,虽贫贱之家,人看得自然贵重。虽没好衣服首饰,有好声名,自然华美。又携的本家父母、与阖族亲眷,都有光彩。似这等、也不枉生女一场。"② 认为女子拥有女德就拥有了好名声,不仅自己为人所看重,而且父母和家族亲人都有光彩。此外,他还编有《女戒八十条》约束女性的不当行为:"失妇德而荡礼逾闲,纵生长富贵家,衣服首饰,从头到尾,都是金珠,都是绫锦,也不免被人嗤笑,玷辱父母。"③ 女性如果失掉妇德,不仅会被他人嗤笑,而且还会使父母蒙受耻辱。人们对妇德是如此重视,以至于在娶媳妇这样的儿女终身大事的考量上,湖南文化家族就将是否具有妇德放在首要地位。胡林翼在《致枫弟》的信中云:"娶媳须知其品性是否优美足矣。媳家之贫富可不问也。"④ 媳妇的品性成为其考虑的首要问题。胡林翼这样考虑则是基于女性的德行对儿女品行的影响:"其女眷之朴实正派者,其子必佳;其妇女有孝顺心者,其子必孝。"⑤ 德行良好的女性在

---

① 陈宏谋:《五种遗规》,线装书局 2015 年版,第 154 页。
② 陈宏谋:《五种遗规》,线装书局 2015 年版,第 154 页。
③ 陈宏谋:《五种遗规》,线装书局 2015 年版,第 156 页。
④ 胡林翼:《胡林翼集》第二卷,岳麓书社 1999 年版,第 1004 页。
⑤ 胡林翼:《胡林翼集》第二卷,岳麓书社 1999 年版,第 1013 页。

家中能够为孩子树立一个勤劳的榜样,有利于后代的成长。湖南文化家族也重视新媳妇的德行教育,新媳妇娶进家门就要及时对其进行教育和引导。左宗棠在儿子孝威娶妻之后,非常关心儿媳妇的德行,在写给夫人周氏的家信中不仅关心询问,而且在对儿媳妇怎样施行德行教育的问题上提出了看法:"新妇性质何如?'教妇初来',须令其多识道理。为家门久远计,《小学》、《女诫》可令诸姊勤为讲明也。"① 左宗棠认为在新媳妇娶进家门后要及时对其进行德行教育,要为其讲授《小学》《女诫》等女教科书。为了让"教妇初来"这种教育能够润物无声,更有效果,左宗棠还非常细心地告诫周夫人要让家里的女眷担负起教授新媳妇女德的职责。

清代湖南文化家族重视妇德的养成和教育,他们认为女子若要"有功德于子孙",就要重视妇功的教育和学习。"凡为女子,须学女工。"提倡女性做妇功是封建社会对女性基本的道德要求,女性不论高低贵贱,家庭贫富都需要具备一定的妇功能力,这是为人所称道和赞许的。"在盛清的江南地区,当提及女红的时候,士族和庶族的女子拥有同样的标准。儒家的'君子'应该避开体力劳动,但是上层的妇女却应该与奴仆与佃户一起用双手从事劳动。……在贫寒的家庭中,这些美德是维持家庭生计的关键。对于上层阶级的妇女来说,则有助于整顿家中的秩序和处理家庭事务——女主人要以身作则来为家中奴仆树立规范。换句话来说,对于妇女来说,从事符合她地位的体力劳动绝不是有失身份的。"② 曾国藩对女儿曾纪芬的成长非常关心,对其妇功很重视。曾氏培

---

① 左宗棠:《左宗棠全集》第 13 册,岳麓书社 2009 年版,第 28 页。
② [美]曼素恩:《缀珍录——十八世纪及其前后的中国妇女》,定宜庄、颜宜葳译,江苏人民出版社 2005 年版,第 205 页。

第四章 清代湖南文化家族家训的训女思想

养家中女眷的妇功非常重视制度章程的作用。他叮嘱欧阳夫人在家事事要订个章程："夫人率儿妇辈在家，须事事立个一定章程。"①同治七年（1868年），女儿曾纪芬十七岁时，他为女儿们订立了日常功课单："早饭后，做小菜点心酒酱之类，食事。巳午刻，纺花或绩麻，衣事。中饭后，做针黹刺绣之类，细工。酉刻（过二更后），做男鞋女鞋或缝衣，粗工。吾家男子于看读写作四字缺一不可，妇女于衣食粗细四字缺一不可。吾已教训数年，总未做出一定规矩。自后每日立定功课，吾亲自验功。食事则每日验一次。衣事则三日验一次。纺者验线子，绩者验鹅蛋。细工则五日验一次，粗工则每月验一次。每月须做成男鞋一双，女鞋不验。上验功课单谕儿妇、侄妇、满女知之，甥妇到日亦照此遵行。同治七年五月二十四日。"②曾国藩的功课单制定得非常细致：功课时段、内容、数量、检验周期、检验对象，都非常明确。曾国藩不仅重视家中妇女的妇功，对刚娶进门的新妇的妇功亦很重视。儿子曾纪泽新婚不久，曾国藩就写信告诫纪泽："新妇初来，宜教之入厨做羹，勤于纺织，不宜因其为富贵子女，不事操作。"③曾国藩要求儿子娶媳妇后要教她"入厨做羹，勤于纺织"，不能因为自己出身于富贵之家就"不事操作"。彭玉麟也订立了规矩来督促家中女眷勤于妇功。他在写给家中的信中道："吾尝作数语以勖后辈曰：出门莫坐轿，居家勤洒扫；诸女学洗衣，早晚学烹调；老逸而少劳，事理多明晓；少甘而老苦，此事颠倒了。词虽粗陋肤浅，能照此做去，也可以成孝子贤媳，把持门户。"④ 正

---

① 曾国藩：《曾国藩全集·家书二》，岳麓书社1985年版，第1338页。
② 曾宝荪、曾纪芬：《崇德老人自订年谱》，《曾宝荪回忆录》，岳麓书社1986年版，第15页。
③ 曾国藩：《曾国藩全集·家书一》，岳麓书社1985年版，第327页。
④ 襟霞阁主：《清十大名人家书》，岳麓书社1999年版，第340页。

是因为在家族女眷女德的教育和养成中重视规矩章程的制定，湖南文化家族在女性的女德培养上才能更见成效，涌现出了一批优秀的女性人物。

清代湖南文化家族重视妇德的养成和教育，他们认为女子若要"有功德于子孙"，更要重视发挥家长的模范带头作用。俗话说"见贤思齐焉，见不贤而内自省也"，榜样尤其是家中长辈的示范具有极强的说服力和感染力，家中女性将自己的行为与榜样的示范相互对照就变成了择善而从之的道德选择。在女性德行教育中，湖南文化家族重视通过家族女性长辈的示范作用，对家族女性起到了熏陶和潜移默化的影响作用。曾国藩认识到内政关系着家族兴衰，因此妇女在家族内政方面要处理好酒食纺绩事务："家中兴衰，全系于内政之整散。尔母率二妇诸女，于酒食纺绩二事，断不可不常常勤习。"① 而处理好家族日常事务的关键则在于发挥家长的模范带头作用。曾国藩在写给欧阳夫人的信中云："家中遇祭，酒菜必须夫人率妇女亲自经手。祭祀之器皿，另做一箱收之，平日不可动用。内而纺绩做小菜，外而蔬菜养鱼、款待人客，夫人均需留心。吾夫妇居心行事，各房及子孙皆依以为榜样，不可不劳苦，不可不谨慎。"② 曾氏重视榜样的示范作用，他叮嘱欧阳夫人在家族祭祀这样的大事和纺绩做小菜、种菜养鱼、款待客人等日常家庭事务中和家族女眷一起亲力亲为，用心做事，为各房和子孙做出榜样。胡林翼在给夫人陶静娟的信中告诫其要以高祖母、祖母和母亲为学习的榜样："凡女人亦须有功德于子孙，则子孙敬之爱之矣，如我高祖母唐孺人以一斛田勤俭起家，子孙遂能读书成业，此功德之大者。我祖母一品太夫人，我母一品太

---

① 曾国藩：《曾国藩全集·家书二》，岳麓书社1985年版，第1297页。
② 曾国藩：《曾国藩全集·家书二》，岳麓书社1985年版，第1304页。

夫人，均慈厚积德，家世乃昌。然则家之兴废，女人居其大半矣。"① 彭玉麟在写给儿子的信中也以祖母和夫人辛勤劳作的典范作用告诫刚娶妻的儿子要"教妇初来"："新妇来吾家，当晓以顺从之义，入厨洗手做羹后，还宜纺织习劳，此是祖母遗训。汝母以余之荣显，尚不避绩麻续缕之辛勤，新妇虽为富家子，则吾家即不能以其富而长其娇懒也。"② 正是因为一代又一代具有高尚妇德的家族女性的示范和带领，湖南文化家族才能走向繁荣昌盛。

综上所述，清代湖南文化家族受儒家传统道德伦理思想影响，其女德观主要是从妇德和妇功两个方面着手，更加注重培养封建社会所需要的"贤妻良母"。因此，我们要取其精华，去其糟粕，坚持批判继承和超越创新相统一的态度，对湖南文化家族的女德观做出现代的诠释和价值提升。现代社会中女性能顶半边天，我们更要加强女性的道德建设，改造、吸收湖南文化家族女德观中具有超时代性和科学性的内容，建立既能体现当代妇女品德的时代性特征，又能体现中国传统妇女美德的现代女性道德教育体系。

第二节　女性贞洁观

人类从蒙昧时代进入文明时代之后，女性贞洁观念就产生了，随着时间的推移，贞洁观念也处于不断的演变过程之中。上古时期没有贞节观念，贞节观念萌芽于春秋战国时期。这一时期，女性的贞洁观念还比较淡薄，只是对女性提出了一些要求，没有规章制度的束缚和制约。如《周易·恒卦》云："妇人贞吉，

---

① 胡林翼：《胡林翼集》第二卷，岳麓书社 1999 年版，第 1019 页。
② 襟霞阁主：《清十大名人家书》，岳麓书社 1999 年版，第 331 页。

从一而终也。"① 《礼记·曲礼》中有"男女不杂坐，不同椸，不同巾栉，不亲授"的记载。②《礼记·郊特牲》曰："妇人，从人者也。幼从父兄，嫁从夫，夫死从子。"③ 先秦时期还出现了一些妇女坚守贞洁的事例，且此一时期的贞洁观也多是对女子德行的强调，其中"贞姜殉节"的事例最为典型："贞姜者，齐侯之女，楚昭王之夫人也。王出游，留夫人渐台之上而去。王闻江水大至，使使者迎之，忘持其符。使者至，请夫人出。夫人曰：'……今使者不持符，妾不敢从使者行。……妾闻之，贞女之义不犯约，勇者不畏死，守一节而已。'于是使者反取符，还则大水至，台崩，流而死，乃号之曰贞姜。"④ "贞姜殉节"的事例说明贞洁观念在先秦时期已经开始逐渐影响到人民的生活。然而先秦时期毕竟是贞洁观念的萌芽时期，贞洁观念只是社会观念的一部分，影响力和作用也比较有限。

秦汉时期贞洁观念开始逐渐受到社会的重视。秦朝和汉朝都是大一统的封建王朝，国家和社会秩序稳定，宗法组织得到强化，人们对贞洁的关注也日益提高。秦始皇巡狩会稽时的刻石铭文云："饰省宣义，有子而嫁，倍死不贞。防隔内外，禁止淫泆，男女洁诚。夫为寄豭，杀之无罪，男秉义程。妻为逃嫁，子不得母，咸化廉清。"秦朝把对女性贞节的要求刻于石上来明法规、正风俗，显示出对贞节观念的重视。汉代是封建礼教形成的重要时期，男女关系和夫妻之伦开始用礼法来加以裁定。如班昭的《女诫》论述了女子出嫁后在夫家需要对丈夫敬顺，对舅姑曲从和对叔妹和顺，对妇女的言行举止作出了明确的规定。刘向的

---

① 陈戍国点校：《四书五经》，岳麓书社1991年版，第169页。
② 陈戍国点校：《四书五经》，岳麓书社1991年版，第432页。
③ 陈戍国点校：《四书五经》，岳麓书社1991年版，第531页。
④ 绿净译注：《古列女传译注》，上海三联书店2018年版，第178页。

第四章 清代湖南文化家族家训的训女思想

《列女传》在母仪、贤明、仁智、贞顺、节义等方面记叙了近百名具有通才卓识，奇节异行的女子的故事，对前代女子行为做出褒贬，警醒当时和后世的女性。

魏晋南北朝时期女性贞洁观在曲折中强化。魏晋南北朝时期，社会动荡不安。出于维护统治秩序和社会稳定的需要，统治阶层鼓吹贞洁观念，通过褒扬包括贞洁在内的封建伦理观念，进而来规范行为，引导舆论，在这种情况下贞洁观念得以深入发展。如裴頠《女史箴》曰："膏不厌鲜，水不厌清；玉不厌洁，兰不厌馨。尔形信直，影亦不曲；尔声信清，响亦不浊。绿衣虽多，无贵于色；邪径虽利，无尚于直。春华虽美，期于秋实。冰璧虽泽，期于见日。浴者振衣，沐者弹冠；人知正服，莫知行端。服美动目，行美动神；天道佑顺，常与吉人。"① 把女子的贞操比成"膏""玉""兰"，倡导女子保持贞操。同时，魏晋南北朝时期，战乱不止，社会动荡，是一个"越名教而任自然"的张扬个性的时代，政府对人们的约束力不强，女性贞洁观念在此时期较为淡薄。

隋唐时期女性贞洁观念进一步加强。这一时期女教的书籍文献开始增多。如长孙皇后编著《女则》、陈邈妻郑氏撰《女孝经》、宋若莘撰《女论语》，武则天也令人编写了《列女传》和《孝女传》。《女论语》为唐代宋若莘所著，其姐宋若昭为之作解，故又名《宋若昭女论语》，共十篇，宋若莘仿《论语》的问答形式所作，分立身章、学作章、学礼章、早起章、事父母章、事舅姑章、事夫章、训男女章、管家章、待客章、和柔章、守节章。每一章中都规定了女子的持家处世之道和举止言行规范，《女论语》与《女诫》、《内训》、《女范捷录》一起被称为"女四书"，成为中国封建社会的女子教育课本。

---

① 欧阳询：《艺文类聚·后妃部》卷十五，上海古籍出版社1982年版。

宋元时期女性贞洁观念得到极大发展。程朱理学的代表人物朱熹主张："天理存则人欲亡；人欲胜则天理灭"，强调两者之间的水火不容。"竭人欲而存天理"的观念适应了统治阶级的需要，他们将贞节观念牢牢地束缚在女性的脖颈上。"夫生保贞，夫死守节"的贞洁观念影响了妇女生活的各个方面，使得广大女性深受其害，从而不断地影响和吞噬着无数鲜活的生命。如元朝明善所作的《节妇马氏传》记载："大德七年（1303）十月，（马氏）乳生疡，或曰当迎医，不尔且危。马氏曰：'吾杨氏寡妇也，宁死，此疾不可男子见。竟死。'时年四十余。"①

明清时期女性贞洁观念处于一种不断强化的状态，发展到了宗教化的地步。在明清两朝长达五百多年的历史中，统治阶级出于维护自身利益的需要，不断强化贞节观念。统治阶层崇尚理学"饿死事小，失节事大"的理念，并利用女教的宣讲，进一步加强妇女贞节观念。地方宗法家族为了自身的利益，也采取了教育、表彰、惩罚等措施加强对妇女贞节的管理；同时社会上节烈风气盛行，妇女自身对贞节观念的认同又进一步促进了此一时期节烈思想的盛行。因此，明清时期，守节更多的是出于道德是非观念的必然选择。妇女不仅守节人数比前代大大增多，而且守节方式更加多样化。清代湖南文化家族恪守儒家伦理道德，在"男主女从""男外女内"的性别文化环境影响下，其女性贞洁观主要体现在以下三个方面。

一 男女有别，防闲遵礼

地理环境的差异可以影响地方人民的性格。湖南三面环山，在北面有洞庭湖和长江与湖北隔江相望。在以舟车为主要交通

---

① 吴曾祺：《旧小说》（戌集一），上海书店出版社1985年版。

第四章 清代湖南文化家族家训的训女思想

工具的封建时代，湖南和外部的联系并不紧密，风俗文化相当保守和传统。清中晚期一位外国人曾这样评价湖南："多年以来，它是大陆腹地中一座紧闭的城堡，因而也是一个无以匹敌的特别引人注意的省份，中国的保守主义，以及对于所有外国事业的反感，都在这儿集中起来了。"① 正因为此，清代湖南文化家族对于女性的贞洁观也更具有传统性和代表性。

男女有别指男女的生理、心理均有所差异，因此所受的礼教规范亦有所区别。男女有别是夫妇之义的基础。《礼记·昏义》曰："敬慎重正，而后亲之，礼之大体，而所以成男女之别，而立夫妇之义也。男女有别，而后夫妇有义。"② 男女有别是儒家建构人伦秩序的一条基本准则。《礼记·效特牲》："男女有别，然后父子亲；父子亲，然后义生；义生，然后礼作；礼作，然后万物安。无别无义，禽兽之道也。"③ 男女有别不仅是万物相安的源头，也是人之有别于禽兽之所在的原因。

清代湖南文化家族非常认同男女有别这一观念。长沙朱氏家族在光绪二十七年《长沙朱氏续增家训》"肃阃范"条中将男女有别进行了仔细的阐述："按夫妇匹偶也，而曰有别，别之义可不细讲欤？男子居外，女子居内，深宫固门，其居处别也。出入则男子由左，女子由右，其道路别也。内外不共井，不共楎椸，不共巾栉，器具别也。内言不出阃，外言不入阃，语言别也。寝床寝地，初生而已别矣。男子不死妇人之手，妇人不死男人之手，至死而尚有别也。"④ 男子居外，女子居内，男女之间从出生

---

① 转引自周跃云《湖南地理与湖湘文化》，《求索》1993 年第 3 期。
② 陈戍国点校：《四书五经》，岳麓书社 1991 年版，第 666 页。
③ 陈戍国点校：《四书五经》，岳麓书社 1991 年版，第 530 页。
④ 上海图书馆编：《中国家谱资料选编·家规族约卷下》，上海古籍出版社 2013 年版，第 605 页。

时已经有别,到死的时候也有分别,贯穿了人的一生。家训严格规定了女性在家庭中的活动空间和行为规范,体现出了男女有别的特点。

《湖南潘氏家规》引用了古人关于男女有别的相应论述,进一步说明了男女有别,只有相互尊重才能全家和睦相处。其"正家室"条曰:"夫妇人伦之始,闺门万化之原。未有刑于不先,而在中有贞吉者也。《内则》曰:'嫂叔不通问,男女不亲授。'又曰:'男不言内,女不言外。'朱子《或问》解《中庸》:'造端乎夫妇,有曰,居室之际、隐微之间,尤可见道不可离处,知其造端乎此,则其所以戒慎恐惧之,实无不至矣。'《易》首《乾坤》而重咸恒,《诗》首《关雎》而戒淫佚。《书》纪厘降,《礼》谨大婚,皆此意也。古人明训,斑斑可考。吾族子孙,诚如冀却缺之,夫妻相敬如宾,则宜尔室家矣。"① 引用典籍中男女有别的各种论述,告诫子孙严守男女之别。

《平江湛氏家训》不仅对男女有别的具体行为进行了列举,还进一步指出防止家族体统不肃的根本方法就是家长要整饬自身,做出榜样,为家人示范,使家族女性恪守《内则》。其"正闺门"条云:"闺门为万化之原、礼始于夫妇,谨于男女,所以厚别也。昼不游庭,夜行以烛,男女不同椸架、不共湢浴,叔嫂不同言。古人制礼如此其严。后世礼制懈弛,渐至任情纵欲,因而袭狎风成,体统不肃。我族各家长,务宜平日整躬率物,使妇女辈胥谨守于《内则》之中,则家道正、内外分,而尔室之规模气象自是不同。"②

---

① 上海图书馆编:《中国家谱资料选编·家规族约卷上》,上海古籍出版社 2013 年版,第 182 页。

② 上海图书馆编:《中国家谱资料选编·家规族约卷上》,上海古籍出版社 2013 年版,第 221 页。

第四章 清代湖南文化家族家训的训女思想

二 辨外正内，决戒妇行

湖南文化家族的成员大多受到儒家思想的教育和熏陶，他们认为男女有别产生的基础是男女的社会角色不同，即男子居外，女子居内。男子的齐家只是作为达成治国平天下目标的操练，是其人生理想的开端；女子的齐家则是女子人生的终极目标，女子的贡献也仅仅是限于齐家。因此女子的活动范围也就被局限在中门以内，女子的职责也被限定在馈食之间。基于这种"男女有别"认识基础上的贞洁观首先就要辨外正内，决戒妇行，对女性的日常活动和人际交往加以限制和约束。如《湘乡上湘成氏敬爱堂族戒》"戒妇行"条曰："男子居外，女子居内。故女子无故不出中门，事在馈食之间而已。"如果不对女性的日常活动加以约束，任其发展，就会伤风败俗，因此就要辨外正内，决戒妇行："今有一种无耻妇女，终日暴头露面，游门伴户，讲长论短，播弄是非，以致邻里不得安生。甚至惑于僧道之说，亲往寺观，烧香拜佛、念经吃斋，改换衣服，以为斋婆。有夫者夫不知禁，有子者子不知阻。此种风俗，不惟大干律例，而且必至招奸纳邪，贻笑万代。我族辨外正内，决戒妇行。"①

辨外正内，决戒妇行，就要对家族女性的社会交往和社会活动加以辨别，尤其是禁绝入庙烧香拜佛等行为。入庙烧香拜佛使得家族女性走出中门，走向外界的喧闹，打破了女性单调枯燥的日常生活和原本宁静的生活秩序，违背了"男子居外，女子居内"的儒家女性规范，给家族男性带来了隐忧和不安。他们担心女性外出抛头露面不仅破坏了家庭角色和家庭责任，而且还会带

---

① 上海图书馆编：《中国家谱资料选编·家规族约卷上》，上海古籍出版社2013年版，第137页。

来连锁反应，进而违背或破坏其他女性应尽的道德责任。因此文化家族的家训中对女性入庙烧香拜佛都会严加禁止。如《邵阳隆氏宗规》专列一条予以禁止："妇女不许入庙赛愿烧香、拜佛求嗣。犯者，妇责其夫，女责其父。"① 又如《宁乡涧西周氏规训》"肃庭帏"条云："温节孝曰：'士庶家无门禁，童女倚帘窥幕，邻儿入户穿房，或以幼小无妨，此家教不可为训处。'由是推之，僧尼出入，妇女寺院烧香，惹祸招非，被人耻笑，固不独慢藏诲盗、艳冶诲淫而已。至若庭除洒扫，几席布置，门户启闭，晏眠早起，事事关心，亦属家规要紧，尤宜加意检点。"② 也有的家训尽管没有以专条列出，但是将其认为的最为伤风败俗的行为加以强调，而且还规定了对此种行为的惩罚措施。如《湖南敦伦堂周氏家戒》曰："第二戒贪恋淫乱。凡十恶以淫为首。昔夏桀以妹嬉、商纣以妲己、周幽以褒姒，败国忘家，皆系于此。故予设训，凡属吾宗，闺门宜加严肃，此男女名节，人生之大防也。近今见有人伦倒置，名节有亏者，或以上而蒸下，以下而犯上，甚至勾引异类，以妇女擅入寺院，伤风败俗，殊可痛恨。此种恶习，倘有败露，除本身罚责外，更当以亲父兄及房长入祠，罚修祠堂。如贫者，亦必严加责惩。庶闺门以正而家道昌隆矣。"③

由入庙烧香拜佛行为推而广之，其他走出家门的情况诸如春节看春、灯节看灯等行为所涉及的场面混乱且男女杂处，会使女性张扬外显，和女性宁静温婉的气质不符，且容易引发外界非

---

① 上海图书馆编：《中国家谱资料选编·家规族约卷上》，上海古籍出版社2013年版，第169页。
② 上海图书馆编：《中国家谱资料选编·家规族约卷上》，上海古籍出版社2013年版，第130页。
③ 上海图书馆编：《中国家谱资料选编·家规族约卷上》，上海古籍出版社2013年版，第175页。

第四章 清代湖南文化家族家训的训女思想

议。因此诸如此类的行为在家训中一概都被禁绝。如《常德府武陵县皮氏宗规》"闺门当肃"条云:"今人家妇女,有朔望入祠庙烧香者,有春节看春、灯节看灯者,有纵妇女往来搬弄是非者,更有俗家寄拜僧道,僧道寄拜俗家,往来稠密,致有中冓之丑者。闲家之道,有如此类,一切严禁,庶无他患。"①

禁止与三姑六婆之人交往也在文化家族的家训中常被提及或强调。元代陶宗仪《辍耕录》卷十对三姑六婆如此定义:"三姑者,尼姑、道姑、卦姑也;六婆者,牙婆、媒婆、师婆、虔婆、药婆、稳婆也。"陶宗仪也认识到三姑六婆的危害并将其与三刑六害等同,提醒人们对此谨而远之:"盖与三刑六害同也。人家有一于此而不致奸盗者,几希矣!能谨而远之,如避蛇蝎,庶乎净宅之法。"三姑六婆多是无依无靠或为生活所迫以其业为生的人。她们走村串巷,巧于心计,不仅洞察世间百态,知晓人情世故,而且因其女性身份,不仅主人不易觉察,且女眷也毫无警惕。这就容易使得三姑六婆招摇撞骗、挑弄是非、串通内外的行为更易得逞,进而可能造成妇人道德沦丧,辱没家声。为防微杜渐、维护家族伦理道德,文化家族在家训中对女子与三姑六婆的交往都严加禁止。如《益阳南峰堂龚氏家训》云:"妇主中馈,即无事时不可东走西走。所谓女子一出一贱也。在家须精致伶俐,不宜艳服娇妆。至于入庙烧香,逢场看戏,及与三姑六婆相往来,此皆淫乱之门,不可不早为杜绝。"②又如同治八年《邵阳邵西罗氏规训》"禁邪术"条曰:"禁止师巫邪术,律有明条。凡一切左道惑众之辈,宜勿令入门。他如妇女之见,尤喜媚神邀

---

① 上海图书馆编:《中国家谱资料选编·家规族约卷上》,上海古籍出版社2013年版,第30页。
② 上海图书馆编:《中国家谱资料选编·家规族约卷上》,上海古籍出版社2013年版,第73页。

福，近今僧道之外，有斋婆、道姑、尼姑、女相各色人等，穿门入户，小则哄诱钱财，甚则通奸犯盗。为家长者，务宜杜其往来，免致后悔。至于白莲、天主等教及结社诵经结盟之类，尤属坏法乱纪，大干例禁。倘有不肖子弟犯此者，一经察觉，即将该犯送究。无滋异种，败我族类也。即如境内有犯此者，务须申明地方，齐为送上，以免株连。"①

三 克励冰操，保全名节

清代倡导妇女保守贞洁的思想也在不断加强。湖南文化家族一方面在日常生活中宣扬妇女守贞处烈的思想，另一方面在家训中对寡妇守节行为持赞赏和支持态度，甚至对夺志阻继行为的惩罚也写入家训。如《湘潭韶山毛氏家规》云："妇人少寡，克励冰操，朝廷尚旌其节，实足增族党之光。有子者当为辅助，无子者务为立继。如或窥其家财，伺其年少，欺嚼侮辱，夺志阻继，族长传祠，责惩外，公为择继。不服，禀究。"②

湖南文化家族对传统风俗中有违妇女保守贞洁的行为也加以禁绝。湖南地处中部，封闭保守，传统风俗诸如招夫坐堂、转房婚在这一地区有着较大的影响。湖南文化家族和其他家族的最大差异就是拥有文化知识，文化知识给家族带来了名声和荣誉。寡妇如若再嫁，不仅违反传统礼制，而且也有损家族荣誉。因此文化家族的家训中对这些风俗严令禁绝。如《湘乡上湘成氏敬爱堂族戒》"戒招夫"条云："古人招婿曰赘。赘者何？谓家不应有此人，而有此人者，若赘疣然。赘婿尚觉不可，何况夫死招夫。今

---

① 上海图书馆编：《中国家谱资料选编·家规族约卷上》，上海古籍出版社2013年版，第439页。
② 上海图书馆编：《中国家谱资料选编·家规族约卷上》，上海古籍出版社2013年版，第431页。

第四章 清代湖南文化家族家训的训女思想

人动曰抚孤，动曰保产，每以招夫为得计，而不知妇有舅姑在堂，朝夕或见，所招之子，触目伤心，情所必至。继父乃父之仇，招夫入门，是使子事父仇，而子不得为孝矣，子于理可乎？况人心不古，所招或非其人，始则抚孤，继而凌孤；始则保产，继而荡产，亦未可知。此种恶习，最玷家门，我族维风挽颓，需戒招夫。"① 封建时代丈夫去世，寡妇招异性男子上门，常被称为"坐堂招夫"，这种行为在有些地方是允许的，且成为一种习俗。明清以前寡妇基于各种原因再嫁的现象极为普遍，也未遭到社会的歧视。清代湖南的文化家族受理学思想影响较深，他们认为在传统的男权社会中，男性以宗嗣、祭祀为重，因此妻死夫可再娶；而女性则应以守贞为正，夫死不能再嫁，寡妇再嫁即属非礼。

湖南文化家族对转房婚不仅不能容忍，而且一旦发现还要报官治罪。转房婚源于古代群婚时期兄弟共妻的现象。它包括兄收弟媳和弟收兄嫂，转婚制的发生是兄弟亡故收其寡妻为己妻。明清时期，官府法律禁止收继兄弟之妻，如《明律集解·附例·户婚》："兄亡收嫂、弟亡收妇者，各绞。"但在民间法律中实际上并没有得到遵行。在湖南民间，转房婚相习成风，延续到近代。文化家族恪守封建礼教，收继婚在他们看来有乱人伦纲常。因此文化家族的家训也禁绝收继婚。如《邵阳隆氏宗规》曰："夫妇原为居室之大伦。倘兄转弟妇，弟转兄嫂，实等禽兽，不知国法。倘一有如是，即鸣上，按律拟罪。"② 不仅如此，对于其他有违妇女保守贞洁的行为或人员，文化家族的家训也一概加以禁止。如

---

① 上海图书馆编：《中国家谱资料选编·家规族约卷上》，上海古籍出版社2013年版，第136页。
② 上海图书馆编：《中国家谱资料选编·家规族约卷上》，上海古籍出版社2013年版，第170页。

订立于咸丰九年的《湘阴狄氏家规》曰:"百善孝为先,万恶首淫。如有灭纪乱伦、形同禽兽者,送官严惩不贷。"①

总之,中国古代妇女的贞洁观经历了一个不断发展、不断强化的过程。清代湖南文化家族女性贞洁观主要包括男女有别、防闲循礼、辨外正内、决戒妇行、克励冰操、保全名节等方面。这种贞洁观在一定意义上使得文化家族的妇女洁身自好,远离是非,谨守礼教,保护了妇女,抑制了淫乱之风,培养了妇女对爱情和家庭的专一和忠诚。同时,清代男子在社会和家庭中处于支配地位,贞洁观念如同一道绞索,压制着女性,影响着文化家族女性的思想观念和社会地位。女性要清心寡欲以全名节,不仅精神情感痛苦,个性发展也受到遏制。

第三节　女性教育观

陈宝良在《明代社会生活史》中指出,传统中国妇女的地位始终受到"男尊女卑"这一观念的束缚。从社会生活的角度来看,明代妇女的名字,在传统的碑传、墓志铭,抑或是法律文书中,通常都是湮没无闻。从民间习俗的角度来看,明代女子一旦为人妇,在亲属称谓上通常"从子",即明代典籍所称的"妇人称谓多从子"。② 和明代妇女地位相比,清代妇女的社会地位并没有多少改观,"男尊女卑"的观念仍然束缚着人们的头脑,再加上贞洁观念的不断强化,女性的活动范围非常有限,基本就被限定在家里,以家事为主。对此,《女论语》论述得很详尽:"凡为

---

① 《湘阴狄氏家谱》,1938年本,卷五,《家规》。
② 陈宝良:《明代社会生活史》,中国社会科学出版社2004年版,第154页。

第四章 清代湖南文化家族家训的训女思想

女子，须学女工。纫麻缉苎，粗细不同。……刺鞋做袜，引线绣绒，缝联补缀，百事皆通。"① "凡为女子，习以为常。五更鸡唱，起着衣裳。盥洗已了，随意梳妆。拣柴烧火，早下厨房，摩锅洗镬，煮水煎汤……莫学懒妇，不解思量。"② 这种生活，日复一日，年复一年，单调乏味，一成不变，缺乏更新，更少乐趣。同时，清代女性也被剥夺了受教育权和踏入社会的自由，也使得她们文化素养普遍不高，视野狭窄，她们没有自己的思想，见解偏于低下或者屈从于丈夫或儿子的想法，不但没有深层次思考的能力，而且缺乏博大精深的创造力，以致清代女性大多缺少受教育的机会，整体文化素质低下。

但是清代女性的教育也出现了一些新的特点和变化。满清入主中原以后，随着社会的安定，商品经济发展，社会经济开始走向繁荣，尤其是伴随着资本主义萌芽的潜滋暗长，清代在社会结构、思想传播机制及生活方式等方面都发生了深刻的转变。在这一背景下，清代开明的士绅阶层对女性的才华也开始予以重视，进步的女性教育思想也开始出现。清代思想家、文学家袁枚公开招收女弟子，为女子传授知识，他在《随园诗话》驳斥"女子不宜为诗"的戒律，震惊文坛："俗称女子不宜为诗，陋哉言乎！圣人以《关雎》《葛覃》《卷耳》冠三百篇之首，皆女子之诗。第恐针线之余，不暇弄笔墨，而又无人唱和而表章之，则淹没而不宣者多矣。"③

清代社会这股重视女性才华的风气也影响到了湖南文化家族

---

① 江庆柏、章艳超编：《中国古代女教文献丛刊》第 2 册，北京燕山出版社 2017 年版，第 52—53 页。
② 江庆柏、章艳超编：《中国古代女教文献丛刊》第 2 册，北京燕山出版社 2017 年版，第 57 页。
③ 袁枚：《随园诗话》，人民文学出版社 1960 年版，第 590 页。

的女性教育观。文化家族以重视和拥有文化作为家族优势和特征，这种优势和特征使得他们重视将其文化资本传授给包括女性在内的后代子孙。文化家族在经济状况上也多不贫乏，经济上的优势也使得家族中人能够专心向学，不必为生计忧虑太多。这也为文化家族中的女性接触教育奠定了物质基础。因此，清代湖南文化家族中的女性教育观既有和前代一脉相承之处也有着一些新的变化。

一 相承之处

（一）女子生也，母命之

"贤母使子贤也"，中国自古以来就有重视母教的传统。《三字经》曰："昔孟母，择邻处。子不学，断机杼。"孟母教子的故事成为千百年来母教的典范。在中国传统社会中，母亲的生活范围大多局限于家庭之内，母亲极少抛头露面参加社会活动。但由于士人为了功名或谋生不得不离家"外游"，诸如游学、游馆、游幕等。教育子弟，尤其是教育儿女成为她们人生的重要职责和任务。她们在学业上教导子女，在为人处世上以身垂范，形成了"人子少时，与母最亲。举动善恶，父或不能知，母则无不知之，故母教尤切"[①]的现象。这就使得母教在对子孙后代尤其是女儿的教育中显得特别重要。

"妇者之所由盛衰也！语云：'娶妇不贤，害及三代。'以其上不能事舅姑，中不能相夫子，下不能教子女也。"[②]清代湖南文化家族重视家族女性的教育，在家族的女性教育中重视母教，并认为母亲应在女性的教育中发挥主要作用。如《湖南敦伦堂周氏

---

① 蓝鼎元：《女学》，清康熙五十六年刻本，卷三。
② 刘鉴：《曾氏女训》，光绪三十四年本。

家规》第四规曰:"夫男子之生也,父教之。教之以其接物也,内而事亲敬长,外而尊师笃友,教之以其成己也。自洒扫应对,小学必勤;格致识正,大学是肄。如不能读者,令勤耕亩亩。毋任刻薄,以致流于放荡,辱门败户,危身及亲,悔之晚矣。女子生也,母命之。命之勿听邪声,勿见恶色,惟以温良慈惠、中馈织纴、事翁姑、从夫子。闺门严肃,毋得护彼之短、夸彼之长,惯习狡强之辩,亵渎闺门之训,致使门楣有忝。"①男子出生后由父亲教育,女子出生后由母亲教育。女子受"男主外,女主内"的传统生活秩序的支配,一生中大部分时间待在家里,母亲和女儿有更多的时间朝夕相处,母性特有的慈爱和女性性格温柔细腻的优势,使母亲对于女儿的品德情操影响更为直接。因此文化家族沿袭母亲教女的传统,并将其写入家训,体现了"因材施教"重视女性教育的传承。

(二)重视妇德和妇功的学习

古代两姓结为秦晋之好时,男方对女方的德行和家教尤其重视,对于家境的好坏却不在考虑之中。正如刘鉴所说:"择妇必世德。两姓缔结之初,惟问其传家礼教及女子礼貌,而贫富在所不论。"② 这说明在家族女子的教育问题上,湖南文化家族多偏重于妇德的培养,冀望其能够相夫教子,和亲睦邻。如《湖南敦伦堂周氏家劝》第六条"劝示知婚礼"云:"夫妇,人伦之始,万化之原。古礼男子三十而有室,亦必未娶之先,必凭媒妁,通行六礼;方娶之时,必告庙告亲,乃行醮子之礼。且择配以德,不

---

① 上海图书馆编:《中国家谱资料选编·家规族约卷上》,上海古籍出版社2013年版,第174页。
② 刘鉴:《曾氏女训》,光绪三十四年本。

以势；娶论贤，不论财。近世之人，往往贪财附势，至于礼节简弃。呜乎！始之不慎，后安得有宜家之化乎？"①

湖南文化家族都是以儒家思想为主的传统家庭。在"男主外，女主内"观念的影响下，文化家族非常重视女子女工和女德的学习。注重女子能否扮演好相关的角色，履行好相关的义务。女子从小应该重视德性修养，培养温良慈惠、孝敬仁明、勤劳俭朴、慈和柔顺等女性美德，并学习中馈、纺绩等各种生活技能，以便将来成家之后在夫家能够孝敬公婆、顺从丈夫、料理家事，担当起一个好的家庭主妇的角色，从而为娘家争光。如《湖南潘氏家劝》第九条云："劝肃姆教。盖为母者，当效胎教。无近邪声恶色，不听非礼之言，性情期以温良慈惠，内外有别、止教以主中馈、司纺绩、敬翁姑、顺夫子，丰俭得宜，接待有礼，不干外事，仆婢宽猛相济，则闺门严肃，而门楣有光矣。"②

二 进步之处

（一）相夫教子，知书达理

《女范捷录·智慧篇》云："治安大道，固在丈夫；有智妇人，胜于男子。远大之谋，预思而可料；仓卒之变，泛应而不穷。求之闺阃之中，是亦笄帏之杰。"③ 可见，家族优秀的女性胜于平凡普通的男子，优秀的妻子不仅能成为贤内助，而且能顶半边天。笄帏之杰的成长虽有天生之慧，更有着后天教育之功。清代湖南文化家族领风气之先，在重视家族女性女德教育的同时也注

---

① 上海图书馆编：《中国家谱资料选编·家规族约卷上》，上海古籍出版社2013年版，第173页。
② 上海图书馆编：《中国家谱资料选编·家规族约卷上》，上海古籍出版社2013年版，第185页。
③ 郭淑新：《〈女四书〉读本》，中国人民大学出版社2016年版，第204页。

第四章 清代湖南文化家族家训的训女思想

重将其培养成为相夫教子、知书达理的知性女性。

左宗棠在给妻子周诒端的家书中写道:"霖儿娶妇后渐有成人之度否？读书不必急求进功，只要有恒无间，养得此心纯一专静，自然所学日进耳。新妇性质何如？'教妇初来'，须令其多识道理。为家门久远计，《小学》、《女诫》可令诸姊勤为讲明也。"① 这封家书中有两点需要注意：一是左宗棠和周诒端探讨儿子学业和新妇教育问题，足以说明周诒端堪当相夫教子、知书达理之任，是当时优秀女性的代表。事实上，周诒端出身于书香门第，自幼熟读经史，知书达理。二是家书讨论了新妇教育问题，且教育新妇的教材是《小学》《女诫》，施教者是家中诸姊。这反映了左宗棠的几个女儿都学习过这些书籍，说明左氏家中女性的文化水平之高，同时也透露了新妇所学书籍的内容。《小学》内容如何？左宗棠在给儿子孝威的家书中写道："尔近来读《小学》否？《小学》一书是圣贤教人作人的样子。尔读一句，须要晓得一句的解；晓得解，就要照样做。古人说，事父母，事君上，事兄长，待昆弟、朋友、夫妇之道，以及洒扫、应对、进退、吃饭、穿衣，均有见成的好榜样。"② 《小学》是教人做人的书，清朝政府在《十三经》和《四书》之外，对《小学》最为推重。"凡童生入学，复试论题，务用《小学》，著在律令。"③ 明确规定童生入学考试要用《小学》。显然，左氏用《小学》来教育家族中的女性，已经远远超出了使女性粗通文墨，略识文字的范围。《女诫》是东汉班昭所作，其内容包括卑弱、夫妇、敬慎、妇行、专心、曲从、和叔妹七章，主要阐述男尊女卑、三从四德的封建伦

---

① 左宗棠：《左宗棠全集》第13册，岳麓书社2009年版，第28页。
② 左宗棠：《左宗棠全集》第13册，岳麓书社2009年版，第4页。
③ 龙启瑞：《经德堂文集》卷二，光绪四年刻本，第13页。

理道德，是清代教育女性的经典书籍。由此说明，文化资本是文化家族立世的资本，文化家族不但鼓励家族男性一心只读圣贤书，占据文化优势，而且还希望家族女性也能知书达理，接受教育，更好的相夫教子，强化家族文化优势。

湖南文化家族女性的现实表现也体现出其任劳任怨、相夫教子、知书达理的特点。劳文桂是善化举人劳世奎的女儿，从小就受到了良好的家庭教育，她嫁给长沙人邹辀为妻后做好贤内助，积极操持家务，支持丈夫读书科举。其《夜纺听外子读书》云："纺车鸣不休，春漏听悠悠。灯影寒依壁，江声夜上楼。诗书君自勉，盐米妾能愁。可念高堂上，慈亲已白头。"① 劳文桂在精神上鼓励督促丈夫安心读书，家中柴米油盐一应家务则由自己安排。周诒端是左宗棠的妻子。左宗棠二十岁乡试中举，但却在此后的会试中屡试不第，这让左氏颇受挫折。周诒端深明大义、鼓励丈夫从长计议，不要因为一时的挫折就放弃。她在写给左氏的诗《秋夜偶书寄外》中云："书生报国心长在，未应渔樵了此生。"② 劝说丈夫不要轻言放弃功名之念，不能以渔樵身份了此一生。无独有偶的是周诒端的从姊妹周诒蘩嫁给湘潭举人张声玠为妻。张声玠七次会试均告落第，周诒蘩写给张声玠的诗《赠外》曰："不须泪落穷途辙，何必门多长者车。偕隐纵无三亩地，谋生幸有一囊书。檐喧燕雀春初老，径掩蓬蒿意自如。惟念白头慈母德，雄心未敢付樵渔。"③ 周诒蘩奉劝丈夫不要为科举落第而后悔并鼓励丈夫为了尽孝更不要轻言归隐，不要放弃雄心壮志。如果没有妻子的支持和鼓励，很难想象左宗棠和张声玠能否坚持到

---

① 贝京校点：《湖南女士诗钞》，湖南人民出版社2010年版，第478页。
② 左孝威：《慈云阁诗钞》，同治十二年刻本。
③ 左孝威：《慈云阁诗钞》，同治十二年刻本。

第四章 清代湖南文化家族家训的训女思想

云开日出。周氏姊妹能够深明大义，识大体，顾大局地支持鼓励丈夫，这都来自未出嫁时原生家庭对她们的教育和熏陶，使得她们在新生家庭能够相夫教子，知书达理。

（二）通经学古，尤擅诗词

文化家族的女性能接受良好的文化教育，大多得益于家族的文化资源，如家族丰富的藏书、重视教育且富有学识的父母等。这使她们能便利地获取丰富的文化资源，得到父母的指导。陈宏谋在《教女遗规》中写道："天下无不可教之人，亦无可以不教之人，而岂独遗于女子也？……有贤女然后有贤妇，有贤妇然后有贤母，有贤母然后有贤子孙。王化始于闺门，家人利在女贞。女教之所系，盖綦重矣。"① 陈宏谋重视女性教育的观点为清代文化家族女性教育的繁荣做了一个很好的注解。

清代文化家族的女性在识字和学习女德的同时，也激发了求知欲，她们在学习妇德的同时有的还进一步学习文化知识，有的女性还被教之以文史，甚至通经学古。如曾国藩对资质禀赋较好的家族女性也另眼看待，教之以经史。《曾宝荪回忆录》载曾国藩即亲自指导儿媳郭筠读《十三经注疏》《御批通鉴》等经史著作。② 曾氏家族的女性大多接受了一定程度的知识教育。曾宝荪是曾国藩的曾孙女，据她回忆："初发蒙读《千字文》……那时大姐读《诗经》，大哥读《论语》。"③ "我在老家湘乡富厚堂由家塾老师教书。读的是《论语》和《御批通鉴》。"④ 除《千字文》外，《诗经》《论语》《御批通鉴》可以说已经不属于发蒙阶段的读物

---

① 陈宏谋：《五种遗规》，线装书局2015年版，第151页。
② 曾宝荪：《曾宝荪回忆录》，岳麓书社1986年版，第2页。
③ 曾宝荪：《曾宝荪回忆录》，岳麓书社1986年版，第11页。
④ 曾宝荪：《曾宝荪回忆录》，岳麓书社1986年版，第14页。

了。《御批通鉴》则是在乾隆帝亲自参与和裁断下由官方纂修的一部大型纲目体编年通史。它全面反映了乾隆帝治国理政的重要理念和思想，既有政治性、思想性，又有学术性，是史评类著作的上乘之作，当时被视为"万世君臣法戒"。曾氏家族采用这些书籍来教育家中女性，反映了文化家族对家中女性教育的重视。

  湖南文化家族的女性在诗词曲赋等文学体裁和书法、绘画等方面也受到了良好的教育，不仅出现了许多闺秀诗人，而且还产生了不少家族闺秀诗人群体。陈东原在《中国妇女生活史》中指出："清代学术之盛，为前此所未有，妇女也得沾余泽。文学之盛，前此所未有。"[①] 湘潭郭氏家族就十分重视家族女性教育，郭润玉在《簪花阁诗自序》中提到"时阿父家居，督吾辈为诗课，糊名易字，第甲乙甚严。"[②] 清代湖南文化家族对女性教育的重视从清代湖南大量出现的女性诗人即可得到佐证：《沅湘耆旧集》录存清代湖南女诗人75人；《湖南女士诗钞所见初集》录存清代女诗人131家，近2000首诗歌。其中，不少女诗人都是来自同一家族：如湘潭郭氏家族闺秀诗人群有四代七人，其诗文还编纂为《湘潭郭氏闺秀集》。其中郭步韫（郭汪璨姑母）著有《独吟楼集》，郭友兰（郭赞贤次女）著有《咽雪山房诗》，郭佩兰（郭赞贤三女）著有《贮月轩诗》，王继藻（郭汪璨侄女）著有《敏求斋诗》，郭漱玉（郭汪璨女）著有《绣珠轩诗》，郭润玉（郭汪璨女）著有《簪花阁诗集》，郭秉慧（郭润玉侄女）著有《红薇馆吟稿》。李星沅在《〈郭氏闺秀集〉序》中云："予惟风雅之彦，萃于闺阃，递传三世，扬芳袭采，近时湘楚必推郭氏为

---

  ① 陈东原：《中国妇女生活史》，商务印书馆1937年版，第257页。
  ② 郭润玉编，贝京校点：《湖南女士诗钞·湘潭郭氏闺秀集》，湖南人民出版社2010年版，第427页。

第四章 清代湖南文化家族家训的训女思想

女宗。当笙愉来归，出示赠奁诸作，自其祖姑母、姑母、诸姊妹，皆以性灵抒才藻，庄雅清丽，方之班左，殆无以过。"① 湘阴李氏家族闺秀诗人群有三代五人，其中李星池（李星沅妹）著有《澹香阁诗存》，李楣（李星沅女）著有《浣月楼遗诗》，杨书兰（李星池女）著有《红蕖吟馆诗钞》，杨书蕙（李星池次女）著有《幽篁吟馆诗钞》，周传镜（杨书兰次女）著有《小红蕖馆诗》。湘阴左氏家族闺秀诗人群有两代五人，其中左孝瑜（左宗棠长女）著有《小石屋诗草》，左孝琪（左宗棠次女）著有《猗兰室诗草》，左孝琳（左宗棠三女）著有《琼华阁诗草》，左孝瑸（左宗棠四女）著有《淡人斋遗诗》，左又宜（左宗棠孙女）著有《缀芬阁词》。其他诸如湘潭周氏家族闺秀诗人群、湘乡曾氏家族闺秀诗人群等都涉及成员众多，文学作品数量丰富。

三　刘鉴和《曾氏女训》

湖南文化家族女性教育的集大成者是湘乡曾氏家族曾国荃次子曾纪官的妻子刘鉴及其《曾氏女训》的编撰。刘鉴是文化家族女性接受教育的杰出代表，她出身于书香门第，祖父刘权之和曾祖父刘湘容均系进士出身，祖父刘权之官至体仁阁大学士，父亲刘若珪担任过湖北知府等官职。作为相府才女，刘鉴诗词文赋，样样俱工，琴棋书画，无所不擅，著有《分绿窗诗钞》三卷、《分绿窗词钞》一卷、《分绿窗赋钞》一卷。

刘鉴受到近代先进思想和男女平等思想的影响，她摒弃了"女子无才便是德"的传统腐论，提出女子既要有才还要学习的思想："殊不知女子之失，非患有才，特患有才而不学，有才而

---

① 李星沅：《李星沅集》，岳麓书社2013年版，第1021页。

不善所学。"① 她认为男女禀赋是一样的，女性接受教育有利于国家根本的培育和人才的储备："无论居何等时代，吾女子具国民母之资格，分所当尊也明矣！而反卑之者何哉？或归咎于失学也。今既兴学矣，不闻进行之褒，而有流弊之毁，或亦教育之根本未善欤。夫男女虽殊，秉性则一。有刚强亦有柔懦，刚强者，则志远大；柔懦者，则志细微。吾女子但能兴家计，以培国本。家兴而国自强，储材器而挽世风，材储而世自治。"② 她主张要对女子进行学业、工艺、道德等全方位教育，发挥母亲对子女的教育作用，有益于道德自由和知思平等："盖妇道修，则姑与夫有惠爱而无苛求，压制之风气除矣！母教立，则子若女有智勇而无颓惰，国民之人格胜矣！学业充，则遇事敢为，当仁不让，男女之抱负均矣！工艺娴，则有恃于己，无抑于人，尊卑之分位敌矣！夫然后家益完全之福，国涤尘教之羞，道德之自由，知思之平等，不几合乾元为一气乎！"③

《曾氏女训》是对曾氏家训的丰富和发展。对于编纂动机和编纂目的，刘鉴在《曾氏女训·总论》中说："但念诸孙女方当就学之岁，无经籍以闲之。诚恐弃本崇末，歧途自误，不揣荒疏，拟编执课数则，以为陶冶之助。"为了使家族女性启蒙教育能更有成效，刘鉴亲自编纂了《曾氏女训》供孙女学习。该书于1908年由长沙忠襄公祠刊行，分为女范、妇职、母教、家政四个门类，共十章，计一百二十四课，每课以两百字为率。其中，第一章女范篇修身十课，分严幼学、循礼教、孝父母、敬兄嫂、兼德业、习勤劳、简妆饰、娴艺术、禁嬉游、戒迷信等十课。第二章妇职

---

① 刘鉴：《曾氏女训·自叙》，光绪三十四年本。
② 刘鉴：《曾氏女训·总论》，光绪三十四年本。
③ 刘鉴：《曾氏女训·总论》，光绪三十四年本。

第四章 清代湖南文化家族家训的训女思想

篇敬事十课,分为谨事奉、继祭祀、尊敬顺、明教育、和妯娌、接尊卑、隆师保、与亲邻、育诸子、约家奴等。第三章妇职篇为养老八课,分为体贴、养志、起居、饮食、衣服、疾病、住宅、游戏八课。第四章母教篇始基八课,分为胎教、养胎、哺育、培植、嬉戏、歌舞、衣服、饮食八课。第五章母教篇循序八课,分为初级、蒙幼、小学、成童、居家、正本、社会、仕途八课。第六章母教篇伦常八课,分为父子、君臣、夫妇、长幼、朋友、祖孙、宗族、嫡庶八课。第七章母教篇礼育八课,分为精神、气血、品貌、性质、思想、言语、举动、趋步八课。第八章母教篇德育十六课,分为敬天地、爱君国、明孝顺、尽友恭、急公义、合团体、厚亲戚、守艺业、惜光阴、勉学务、慎言行、尚志节、严取予、重廉耻、审交际、正趋向十六课。第九章母教篇智育八课,分为天赋、地载、雷电、岁时、动物、植物、善诱、博学八课。第十章家政篇四十课分为肃规矩、正名分、严表率、广扶植、专责任、尚勤俭、崇节省、警旭旦、习看护、衡赏罚、制偏私、秉公平、达权变、务宽大、赞公益、怀施济、省口体、殖田宅、保财产、勤蓄积、躬纪理、豫筹算、量出入、节靡费、详记载、明利用、通有无、戒赊欠、慎婚姻、约佣聘、役工仆、驭妪婢、屏嗜好、扶疾病、勤修葺、善袭藏、修食品、备药物、防灾患、谨卫生四十课。《曾氏女训》体例完备,分类详尽,切于实用,进一步丰富和发展了曾氏家训。尽管书中仍有一些封建伦常说教,但是具有鲜明的时代特色和与时俱进的特点,有些思想对于当代女性教育仍然具有一定指导意义。因此,刘鉴及其《曾氏女训》可谓清代湖南文化家族女性教育的集大成者。

综上所述,清代湖南文化家族在女子教育观上重视母亲对女儿的言传身教,鼓励女子学习妇德、妇工等方面的知识。湖南文化家族重视女性教育的目的：一是希望通过教育开启家族女性的心智，提高其道德修养；二是寄希望女子能更好的相夫教子、治家齐家。有些文化家族走在女性教育的前列，开风气之先。他们重视女性知书达理，通经学古和诗词教育。在此过程中，刘鉴及其《曾氏女训》即为湖南文化家族女子教育的杰出代表。

第五章　清代湖南文化家族家训的齐家思想

《礼记·大学》曰："古之欲明明德于天下者，先治其国；欲治其国者，先齐其家。"① 家是最小国，国是千万家。儒家非常重视家庭关系的处理。秉承儒家思想的清代湖南文化家族也认识到家族成员齐心协力、和睦相处对家庭的团结和谐、社会的安宁稳定和国家的长治久安关系重大。要想使得家庭或者家族和睦，如何"齐家"至关重要。在湖南文化家族的家训中，齐家思想主要包括治人思想和治事思想。即对家庭人际关系的处理和对家庭事务的处理。我们将湖南文化家族家训中的家族伦理观作为治人思想的主要内容，将赈济观和治生观作为治事思想的主要内容。一个家族要在社会中发展，首先要解决生存问题，湖南文化家族的家训中广泛论及家族赈济和治生问题既是残酷的社会现实的反映，同时也改变了人们传统的思想，推动着家族的发展和社会的进步。

第一节　家族伦理观

家庭伦理道德指调整家庭成员之间关系的原则与规范。在中

---

① 陈戍国点校：《四书五经》，岳麓书社1991年版，第661页。

国传统社会中，人是在家族教化的熏陶下成长起来的，人的社会化主要是在家族内部进行的。人们只有把家庭治理好，才有可能治理国家，最终实现"平天下"的远大理想。清代湖南文化家族历来重视家庭伦理教育，注重家庭的和谐稳定。"家和万事兴"，他们认为只有家庭和谐方能家业兴盛，家族才可能世代绵延。《颜氏家训》云："夫有人民而后有夫妇，有夫妇而后有父子，有父子而后有兄弟，一家之亲，此三而已矣。自兹以往，至于九族，皆本于三亲焉，故于人伦为重者也，不可不笃。"[1] 为了实现家庭和谐这一目标，清代湖南文化家族在日常家族教育中非常注重伦理教化，不但注重对子女进行知识培养，而且也将孝悌等道德理念作为家庭的优良品德。《礼记》曰："四体既正，肤革充盈，人之肥也；父子笃，兄弟睦，夫妇和，家之肥也。"[2] 治家应处理好父子关系，父子关系是家族绵延的基础，家庭中只有父慈子孝，父子之间才会感情真挚；家庭中还要兄友弟恭，兄长友爱弟弟恭敬，兄弟之间才会和睦相处；夫义妇顺，夫妻之间才会和睦相待。这三者关系和谐了，家庭就会美满幸福。反之，如果家庭人际关系紧张，家庭成员之间不和睦，父不慈，子不孝，兄不友，弟不恭，夫不义，妇不顺，这个家庭必然会因家庭不睦从而导致家道衰败。清代湖南文化家族秉承儒家思想，注重家庭关系的处理，认识到家庭中长幼有序的重要作用。

一　家庭亲和，父慈子孝

中国古代社会是一个家国同构的社会，家与国在结构上具有相似性。在家庭中，父亲掌管一切，具有至高无上的权力；在国

---

[1] 颜之推：《颜氏家训》，三秦出版社2013年版，第7页。
[2] 郑玄注，孔颖达疏：《礼记正义·礼运》，北京大学出版社1999年版，第711页。

第五章 清代湖南文化家族家训的齐家思想

家中,君王是全国子民的父亲,君王的权力与地位至尊至大。由此,可以说父亲是家庭中的君王,而君王则是子民的父亲。《论语·颜渊》云:"齐景公问政于孔子。孔子对曰:'君君,臣臣,父父,子子。'"①"君君、臣臣"的君臣观念维持着国家的政治秩序,"父父、子子"的长幼观念维持着家庭的伦理秩序。由于父亲在家庭和君王在国家中所扮演角色的相似性,使得齐家和治国也具有了相通性。因此,能够管理好家庭的人自然也就能辅佐君王治理天下。

家国同构的组织模式下,家长对家庭成员和统治者对子民的期许也具有同一性。对君王的忠和对父母的孝都是对权威的绝对服从,由此统治者将忠和孝也同等看待。他们"求忠臣于孝子之门",认为在家能尽孝,在国就能尽忠。孔子在《孝经·开宗明义章》中曰:"夫孝,始于事亲,中于事君,终于立身。"②所谓孝,最初是从侍奉父母开始,然后效力于国君,最终建功立业,功成名就。先秦时期"父慈子孝"的观念已经成为家庭观念的核心,不仅为当时的人们普遍认可,而且还被后世作为一种居家处世的原则肯定下来,为历代家训著作所收纳。

大儒王夫之对父慈子孝十分推崇。他认为孝是万字之本。他在《示我文侄》中写道:"古人云,读书须要识字。一字为万字之本,识得此字,六经总括在内。一字者何?孝是也。如木有根,万紫千红,迎风笑日;骀荡春光,累垂秋实,都从此发去。怡情下气,培植德本,愿吾宗英勉之。"③在父兄和子弟关系的处理上,王夫之认为如果教育和相处方式不当,就会使家族陷入危险

---

① 陈戍国点校:《四书五经》,岳麓书社1991年版,第40页。
② 胡平生译注:《孝经译注》,中华书局1996年版,第1页。
③ 王夫之:《船山全书》第十五册,岳麓书社1996年版,第416页。

的境地。"为父兄者，以便佞善柔教其子弟；为子弟者，以谐臣媚子望其父兄。求世之永也，岌岌乎危矣哉。"① 那么，该怎样处理父兄和子弟之间的关系呢？就要做到爱、敬两字，即父慈子孝。"礼之本无他，爱与敬而已矣。亲亲者，爱至矣，而何以益之？以敬。夫子曰：'子也者，亲之后也，敢不敬与！'为父兄者，不以谐臣媚子自居，而陷子弟于便佞善柔之损，敬之至也。尊以礼莅卑，卑以礼事尊。"② 为人父兄既要亲爱子弟，还要正确教育子弟；为人子弟，既要孝顺父兄，更要尊敬父兄。怎样做到父慈子孝呢？王夫之认为，父慈就是做父亲的要以德威行宏慈："先君子以德威行宏慈，而粹养简靖，尚不言之教。虽不孝兄弟之顽愚奉教也，不能默喻，终不征色发声，以施挞戒。每有颠覆违道之行，但正容不语，倚立经旬，不垂盼睐。不孝兄弟顽愚实甚，怅惘莫知咎所自获，刊心欲改而不知所从。太孺人乃探先君子之志，而戒不孝兄弟以意之未先，志之未承也；详摘其动之即咎，复之终迷，而祸至之亡日也；申之以长敖从欲之不可终日，而不勤则匮之必仆以陨也。发隐慝以针砭之而述先君子之暗修，以昭涤其昏瞀，既危责之，抑涕泗将之，然后终之以笑语而慰安之。"③ 王夫之还用长兄王介之心系父母，在母亲病床前尽孝不辞劳苦的事例说明子孝就是要用言行孝顺："念先君子之留滞燕邸，苦寒善病，岁时晨夕，无欢笑之容。尝记庚午除夜，侍先妣拜影堂后，独行步廊下，悲吟'长安一片月'之诗，宛转歔欷，流涕被面。……先妣有心痛疾，举发则弥旬不瘳，夫之既羸且惰，仲兄亦多病，扶掖按摩，寒暑昼夜局曲于床褥间，十余夕不寐，两三日粒米不入口以为恒。"④

---

① 王夫之：《船山全书》第十五册，岳麓书社1996年版，第140页。
② 王夫之：《船山全书》第十五册，岳麓书社1996年版，第140页。
③ 王夫之：《船山全书》第十五册，岳麓书社1996年版，第116页。
④ 王夫之：《船山全书》第十五册，岳麓书社1996年版，第101—102页。

第五章　清代湖南文化家族家训的齐家思想

曾国藩饱读经史，受儒家思想熏染颇深，他一生以孝悌为先，践行父慈子孝，在家庭内部以身作则。曾国藩是慈父，《曾国藩全集》中收录的1400余封家书中，有很大一部分是写给儿子纪鸿和纪泽的，他对儿子谆谆教诲，悉心引导："凡富贵功名，皆有命定，半由人力，半由天事。惟学作圣贤，全由自己作主，不与天命相干涉。吾有志学为圣贤，少时欠居敬工夫，至今犹不免偶有戏言戏动。尔宜举止端庄，言不妄发，则入德之基也。"① 曾国藩是孝子，把孝视为最高的学问，或者说视为学问的根本。他在写给四个弟弟的信中说："若细读'贤贤易色'一章，则绝大学问即在家庭日用之间。于孝弟两字上尽一分便是一分学，尽十分便是十分学。今人读书皆为科名起见，于孝弟伦纪之大，反似与书不相关。殊不知书上所载的，作文时所代圣贤说的，无非要明白这个道理。"② 对于孝的方式，曾国藩认为"事亲以得欢心为本"，让长辈欢心就是孝，他在写给弟弟的信中说："贤弟性情真挚，而短于诗文，何不日日在'孝弟'两字上用功？《曲礼》《内则》所说的，句句依他做出，务使祖父母、父母、叔父母无一时不安乐，无一时不顺适；下而兄弟妻子皆蔼然有恩，秩然有序，此真大学问也。"③ 又如"季弟又言愿尽孝道，惟亲命是听。此尤足补我之缺憾。我在京十余年，定省有阙，色笑远违，寸心之疚，无刻或释。若诸弟在家能婉愉孝养，视无形，听无声，则余能尽忠，弟能尽孝，岂非一门之祥瑞哉？"④ 曾国藩不仅以父慈子孝教育弟弟，而且也身体力行之。对于父母长辈，他不仅记挂在心，而且也常嘘寒问暖，寄送补品，以尽孝心。他给父母的信中写道：

---

① 曾国藩：《曾国藩全集·家书一》，岳麓书社1985年版，第325页。
② 曾国藩：《曾国藩全集·家书一》，岳麓书社1985年版，第67页。
③ 曾国藩：《曾国藩全集·家书一》，岳麓书社1985年版，第67页。
④ 曾国藩：《曾国藩全集·家书一》，岳麓书社1985年版，第220页。

"高丽参足以补气,然身上稍有寒热,服之便不相宜,以后务须斟酌用之,若微觉感冒,即忌用。此物平日康强时,和入丸药内服最好。然此时家中想已无多,不知可供明年一单丸药之用否?若其不足,须写信来京,以便觅便寄回。"① 即使宦游在外,曾国藩也时常在信中问候父母,并时常寄衣物补品给父母以表达孝心。

湖南文化家族还将父慈子孝写入族谱中的家训,对子弟提出父慈子孝的要求,运用家训对子弟进行伦理道德教育。百善孝为先,孝是为人之本,因此文化家族的家训往往将关于孝的训诫放在开篇加以强调。如《益阳南峰堂龚氏家训》第一则即曰:"孝为百行之先。父母生儿能有几个身显荣亲的,就是肩挑负贩者,皆可随分养亲。但要把父母时时刻刻放在心里,一言一行慎勿口违。读书明理者以养志为先,愚夫俗子亦勉力养其口体,依依膝下,始终孝敬第一。不可听妻子之言,以忤逆父母,如有此人,庙廊法律具在,莫贻后悔。"② 又如《楚南敦本堂詹氏家政》中不仅将孝父母放在第一条,而且还对各种职业的子弟尽孝的方式提出了要求:"百行有原,惟孝为先。羊跪乳矣,鸦反哺焉。物犹如此,人曷不然?随分尽职,奉养宜虔。农夫事亲,竭力耕田。务本安分,菽水承欢。儒者事亲,志致心专。凌云步月,诰赠椿萱。牵车服贾,洗腆给鲜。百工技艺,营利图钱。供养高堂,欲报昊天。呜乎老矣,父母之年。及时尽孝,慎勿虚延。三公不换,古人有言。若伤风木,见也无缘。感怀及此,泣涕涟涟。劝孝数语,愿族咸宣。庶几胜读,《蓼莪》一篇。"③ 《邵阳隆氏家训》

---

① 曾国藩:《曾国藩全集·家书一》,岳麓书社1985年版,第32页。
② 上海图书馆编:《中国家谱资料选编·家规族约卷上》,上海古籍出版社2013年版,第73页。
③ 上海图书馆编:《中国家谱资料选编·家规族约卷上》,上海古籍出版社2013年版,第124页。

还指出尽孝要及时，在父母活着的时候尽孝胜于死后尽孝："一曰孝父母。人自禀赋，以至成立，鞠育之恩，欲报罔极。与其椎牛祭墓，何若鸡黍逮存。显亲扬名，责虽在于贤智；而随分尽职子道各期无亏。凡我族中，为人子者，当知皋鱼风木，及时孝养，用力用劳，勿忝子职。由是菽水可以承欢，服贾亦堪终养，立爱惟亲，乐莫大焉。有子所谓行仁之本，诚足深人长思也。"① 不仅如此，邵阳隆氏家族还对如何惩处不孝养父母和不尊重长辈的行为进行了规定。《邵阳隆氏宗规》云："族中有不孝养父母及凌犯伯叔者，族众拘而重责之。不改，鸣官治罪。"②

二　同气连枝，兄友弟悌

兄友弟悌是家庭稳定与发展的前提和基础。中国传统家庭伦理文化既重视父慈子孝的代际人伦规范，也强调兄友弟悌的代内人伦规范。兄弟之情，血浓于水，生死相依。《诗经·小雅·棠棣》表达了兄弟之间应该友爱："棠棣之华，鄂不韡韡。凡今之人，莫如兄弟。死丧之威，兄弟孔怀。原隰裒矣，兄弟求矣。"③《左传》对兄弟之间的亲情进行了具体的阐述。《左传·文公十五年》云："史佚有言曰：'兄弟致美。'救乏、贺善、吊灾、祭敬、丧哀，情虽不同，毋绝其爱，亲之道也。"荀子则明确地指出兄长应该爱护弟弟，弟弟应当敬爱兄长。《荀子·君道》曰："请问为人兄？曰：慈爱而见友。请问为人弟？曰：敬诎而不苟。"④ 兄

---

① 上海图书馆编：《中国家谱资料选编·家规族约卷上》，上海古籍出版社 2013 年版，第 170 页。
② 上海图书馆编：《中国家谱资料选编·家规族约卷上》，上海古籍出版社 2013 年版，第 169 页。
③ 陈成国点校：《四书五经》上册，岳麓书社 1991 年版，第 349 页。
④ 方勇、李波译注：《荀子》，中华书局 2011 年版，第 192 页。

弟关系的亲近是与生俱来的。兄弟团结友爱，和睦相处，是由兄弟之间的血缘关系和亲情关系决定的。《颜氏家训·兄弟》云："兄弟者，分形连气之人也。方其幼也，父母左提右挈，前襟后裾，食则同案，衣则传服，学则连业，游则共方，虽有悖乱之人，不能不相爱也。"① 兄弟同根同源，兄弟之间相互伴随成长，既有着深厚的情感基础也有着共同的生活经历，由此生发团结友爱、相互扶持的道德情感。

胡达源在《弟子箴言》卷五"笃伦纪"中对兄弟之情也进行了阐发。胡氏家族历来重视兄弟之情，深谙相处之道，因此胡氏五代同堂，相处和谐，其乐融融。"先民有言，父母有事，譬如少生兄弟一人。父母分财，譬如多生兄弟一人。此古今之至论也。嘉庆甲子元旦，家大人以此示教，迄今道光甲午，又三十年。大人与伯父、叔父，皆已年近八十，邕邕秩秩，五代同堂，盖其所由来，非偶然也。"② 在父亲的教育和言传身教影响下，胡达源也深刻认识到了兄弟和睦则家庭和气，父母安乐；兄弟反目则家庭戾气，父母忧愁："妻子好合，兄弟既翕，此是家庭和气，则父母安乐，福禄聿臻矣；夫妻反目，兄弟阋墙，此是家庭戾气，则父母忧愁，灾祸随至矣。感应之机，捷如影响。"③ 怎样才能做到兄友弟悌呢？胡达源认为，首先要认识到兄弟之间患难与共、同舟共济的情谊并深切品味，自然会产生友爱之心："《棠棣》八章，反复曲尽。死丧之威，兄弟怀之。急难之事，兄弟救之。外侮之来，兄弟御之。平安之后，兄弟岂不如友生乎？笾豆之陈，兄弟岂不当燕乐乎？熟思而深味之，友爱之心，自油然而生矣。"④ 胡氏

---

① 颜之推：《颜氏家训》，三秦出版社2013年版，第7页。
② 胡达源：《胡达源集》，岳麓书社2009年版，第43页。
③ 胡达源：《胡达源集》，岳麓书社2009年版，第44页。
④ 胡达源：《胡达源集》，岳麓书社2009年版，第44页。

第五章 清代湖南文化家族家训的齐家思想

还给出了不同时期的兄弟相处之道:"髫龀之年,其兄弟相爱者,天性未漓也。婚姻之后,其兄弟多隙者,妇言有间也。惟能不以妇言间其天性,并以大义开示妇人,则所全者多矣。"① 幼小之时,兄弟相亲出于天性;成家之后,兄弟相处不但不能听信妇人之言,还要以大义开导妇人。

王夫之家族历来重视兄友弟恭。他一生也非常重视兄友弟悌。他对家族中兄友弟悌的传统引以为豪,并津津乐道。他的父辈之间兄弟情深,相处和谐:"(先君子)与仲父牧石翁,白首欢笑如童年,每相对晏坐,神怡心泰,疾病忧患,一无变容。季父才性旷达,颇事嬉游,畏先君子如严父,而终不以辞色相诘诫。"② 又如"(仲父)与先考同赴省试,先考中涂病作,遽谢同辈,掖扶归里。小艇炎蒸,篝灯搔抑,目不定睫者五昼夜,因慨然曰:'幸全三乐,复何有于浮云哉!'"③ 王夫之与长兄王介之、仲兄王参之也感情深厚,相处和谐:"仲兄病几痿,兄调护扶掖,啮指以受针艾,仲兄赖以愈。而卒以文章名南楚,无一非兄曲意怡声,亹亹讲说以成之者。若夫之狂娭无度,而檠括弛弓,闲勒逸马,夏楚无虚旬,面命无虚日者,又不待言。"④ 王夫之也教育两个儿子王敔、王攽两人要兄友弟悌,在写给王攽的信中他苦口婆心地劝导他:"汝兄弟二人,正如我两足,虽左右异向,正以相成而不相戾。况本可无争,但以一往之气,遂各挟所怀,相为疑忌。先人孝友之风坠,则家必不长。天下人无限,逆者顺者,且付之无可如何,而徒于兄弟一言不平,一色不令,必藏之宿之乎?试俯首思之。"⑤ 王夫

---

① 胡达源:《胡达源集》,岳麓书社 2009 年版,第 44 页。
② 王夫之:《船山全书》第十五册,岳麓书社 1996 年版,第 111 页。
③ 王夫之:《船山全书》第十五册,岳麓书社 1996 年版,第 125 页。
④ 王夫之:《船山全书》第十五册,岳麓书社 1996 年版,第 101 页。
⑤ 王夫之:《船山全书》第十五册,岳麓书社 1996 年版,第 230 页。

之在写给堂侄王元修的信中也谆谆告诫兄弟之间不要相互嫉妒，更不能相互欺凌，要同心同德，和睦相处："愿家族受和平之福以贻子孙，敢以直言为吾宗劝戒。此尔弼、指日二弟居尊长之位，所宜同心以修家教者也。和睦之道，勿以言语之失，礼节之失，心生芥蒂。如有不是，何妨面责，慎勿藏之于心，以积怨恨。天下甚大，天下人甚多，富似我者，贫似我者，强似我者，弱似我者，千千万万，尚然弱者不可妒忌强者，强者不可欺陵弱者，何况自己骨肉！……不能于千人万人中出头出色，只寻著自家骨肉中相陵相忌，只便是不成人。戒之，戒之！"①

曾国藩作为一代能臣和家中长子，不仅深知兄友弟悌的道理，而且自己成了兄友弟悌的楷模。作为长兄，曾国藩以德作为处理兄弟关系的价值评判标准并从日常生活中去践行德，将其具体化："至于兄弟之际，吾亦惟爱之以德，不欲爱之以姑息。教之以勤俭，劝之以习劳守朴，爱兄弟以德也；丰衣美食，俯仰如意，爱兄弟以姑息也。姑息之爱，使兄弟惰肢体，长骄气，将来丧德亏行，是即我率兄弟以不孝也，吾不敢也。"②他指出兄弟和睦还要心意相通，相互规劝，共同提携，不能包庇过失："第一，贵兄弟和睦。去年兄弟不和，以致今冬三河之变，嗣后兄弟当以去年为戒。凡吾有过失，澄、沅、洪三弟各进箴规之言，余必力为惩改。三弟有过，亦当相互箴规而惩改之。"③曾国藩爱弟以德，也重视诸弟的思想品德修养，鼓励诸弟读书明理，进德修业。他在给诸弟的信中写道："吾辈读书，只有两事：一者进德之事，讲求乎诚正修齐之道，以图无

---

① 王夫之：《船山全书》第十五册，岳麓书社1996年版，第142页。
② 曾国藩：《曾国藩全集·家书一》，岳麓书社1985年版，第183—184页。
③ 曾国藩：《曾国藩全集·家书一》，岳麓书社1985年版，第445页。

忝所生；一者修业之事，操习乎记诵词章之术，以图自卫其身。"① 曾国藩在处理兄弟关系方面一直言传身教，树立榜样。他对诸弟的关爱，从道德文章到为人处事，从饮食起居到身体安康，可谓无微不至。尽管如此，他仍感愧疚，认为对诸弟亏欠太多。他说："予生平于伦常中，惟兄弟一伦抱愧尤深。盖父亲以其所知者尽以教我，而我不能以吾所知者尽教诸弟，是不孝之大者也。九弟在京年余，进益无多，每一念及，无地自容。"②

湖南文化家族也在家谱中的家训上对家族子弟提出了兄友弟悌的要求，冀望家族子弟能够团结和睦，互帮互助，延续家族的繁荣。《浏阳清浏谭氏家约》告诫家族子弟不要为微嫌小事和赀财之争而伤害兄弟和气："兄弟者，分形联气之人也。阋墙而御外侮，急难而惟同父，此《棠棣》之诗，姬公之所以谆谆致意也。夫既为一本，自宜视为一体，而亲爱之无已焉。胡为乎以些小之微嫌，遂为仇雠之大恨而陌路不如。独不思产业之多寡、赀财之丰啬，是皆有命，争者未必富，富者不皆争。何不如一堂欢笑，彼此无猜，使现在双亲怡然堂上，亡过父母不忧泉下，敦天伦而笃友恭，何等美事。彼斗粟尺布之淫，煮豆燃萁之讽，夫岂可有者哉？"③《湖南宁乡欧阳氏家规》劝诫兄弟之间不要为财利和妇言而影响手足之情，并用偈诗进行规劝："世间最难得者，兄弟同胞共乳，若枝叶之同根也。即有嫡有庶，其原只是一人，心须埙篪迭奏，和气一团。勿因财利而伤同气之好，勿听妇言而乖骨肉之情。法昭禅师偈曰：'同气连枝各自荣，些些言语莫伤情；一回相见一回老，能得几时为弟兄。'又曰：'宜兄宜弟乐何

---

① 曾国藩：《曾国藩全集·家书一》，岳麓书社1985年版，第35页。
② 曾国藩：《曾国藩全集·家书一》，岳麓书社1985年版，第36页。
③ 上海图书馆编：《中国家谱资料选编·家规族约卷上》，上海古籍出版社2013年版，第252页。

如，喜读君陈颂友于；欲识原鹡悲急难，莫同煮豆感欷歔。'"①对不重手足，不睦兄弟的行为，家训中也规定了相应的惩处。《韶山毛氏家规》云："兄弟本天伦之乐、固人生之最难得。兄当克友于弟，弟常克恭于兄，岂容以世故末务，同室操戈，残伤骨肉？凡我族中，或有因产业听妇言，不重手足、不睦兄弟者，族公惩之。不服理论，送官居究治。"②

三 相敬如宾，夫义妇德

夫妻关系是一个家庭中最基本、最核心、最重要的关系。《颜氏家训》云："夫有人民而后有夫妇，有夫妇而后有父子，有父子而后有兄弟。"③ 夫妻关系是所有家庭关系的核心，由此而生发出父子关系、兄弟关系及相应的一些亲属关系。夫妻关系是通过婚姻形成的。《礼记·昏义》云："昏礼者，将合二姓之好，上以事宗庙，而下以继后世也，故君子重之。"④ 婚姻使得两个家族结合在一起，既可以祭祀祖先又可以延续家世。但是若想达到婚姻的目的，实现家庭和谐，必须保持良好的夫妻关系和夫妻恩爱的和谐氛围。这样的关系和氛围又要怎样才能形成呢？《周易·家人卦》曰："夫夫妇妇，而家道正，正家而天下定矣。"⑤ 夫义妇顺，家之福也。石成金《传家宝》云："夫以义为良，妇以顺为令，和乐祯祥来，乖戾灾祸应。举案必齐眉，如宾互相敬。"⑥

---

① 上海图书馆编：《中国家谱资料选编·家规族约卷上》，上海古籍出版社2013年版，第260页。
② 上海图书馆编：《中国家谱资料选编·家规族约卷上》，上海古籍出版社2013年版，第430页。
③ 颜之推：《颜氏家训》，三秦出版社2013年版，第7页。
④ 陈成国点校：《四书五经》上册，岳麓书社1991年版，第665—666页。
⑤ 陈成国点校：《四书五经》上册，岳麓书社1991年版，第172页。
⑥ 石成金：《传家宝》上册，天津社会科学院出版社1992年版，第388页。

第五章 清代湖南文化家族家训的齐家思想

传统的观念认为，夫义妇顺是理想的夫妻关系，夫唱妇随是家族的福气。夫义妇德中要求丈夫要为人忠厚，对妻子要有恩义，有事业追求；要求妻子具有妇德，勤劳能干，大力支持丈夫的事业。因此，夫妻之间的关系是双向的、平等的。夫妻双方应该相敬如宾，各尽其道。在传统家训中就有不少对理想夫妻关系的描述，方孝孺在《勉学诗》中云："妻贤少夫祸，子孝宽父心。不知何人语，相传犹至今。室家两相好，如鼓瑟与琴。二亲岂不欢，花木罗春阴。虽云一樽酒，共酌还共斟。物情动相失，安用储千金，家睽在妇德，象系有遗音。"① 为我们描绘了一幅夫妻恩爱、琴瑟和鸣的美好图景。

清代湖南文化家族的家训中也非常重视良好夫妻关系的建立和维护。清代湖南不少较为开明的文化家族在夫妻关系中强调夫义，要求丈夫为人忠厚，对妻子要有恩义。乾隆年间衡山县聂继模写给担任陕西镇安县令的儿子聂焘的《诫子书》中说："糟糠之妇，布裙荆钗，安之若素，不致累尔。万水千山，来此穷乡，情殊可念，当相待以礼。凡有不及，须以情恕，官场面孔，毫不宜施。"② 聂继模告诫儿子糟糠之妻不可弃。因为共过患难的妻子，对艰苦朴素的生活安然处之，不会埋怨生活，不会给丈夫施加精神和经济上的压力。所以，妻子从湖南衡山老家历经万水千山来到镇安之后应该以礼相待，即使偶尔有做的不恰当之处也要在情理上予以宽恕，不能怪罪，更不能摆出官场上对付他人的那副严肃的面孔来对待妻子。聂继模以诚挚的言辞告诫儿子对妻子要少一些责备，多一些理解和疼惜，唯有如此夫妻感情才会稳固，生活才会美满和谐。聂继模所阐述的夫妻相处之道，讲求的是夫妻礼让、包容和善

---

① 方孝孺：《逊志斋集》，宁波出版社 2000 年版，第 801 页。
② 魏源：《魏源全集》第十四册，岳麓书社 2004 年版，第 311 页。

待之情，就少了很多的封建色彩，这可以说是一大进步。在夫妻关系的处理上，胡林翼可谓相敬如宾的典范。胡林翼的妻子是陶澍的女儿陶静娟，陶静娟知书达理，秀外慧中，将家庭打理得井井有条，在事业上积极支持丈夫。胡林翼对妻子也非常关心敬重，在家信中不仅叮嘱妻子关心岳母，而且自己也要保重身体："岳母处须时常通信，如须鹿茸，即寄来也……太太近日身体仍如何？以信中不言及如何调养。服药之法每日燕窝之汤，须以四钱、五钱，先一日大火炖烂，赐福吃汤，太太吃渣滓可也，切莫违我之言。"① 胡林翼要求妻子保重身体的同时，对妻子平日所服的药方也要亲自过目："再一要事，莫如太太自己保身，丸药、水药每日不离，并将所服之单、所服之药，按月寄来，以便随时更改，切嘱、切嘱！"② 胡林翼如此关心敬重妻子，甚至还为岳母请封，原因为何？他在家信中也说出了其中原因："岳母请封，昨日乃发折，须明年乃得轴也。即如我三代及本身妻室今年正月恩诏，亦须今年年底，乃得轴也。太太勤劳于家，礼仪甚肃，名在富贵，而刻苦殆如贫贱家妇，以此报岳母之教之俭，太太又何谢乎？"③ 妻子具有妇德，勤劳刻苦，礼仪甚肃，有着良好的家教。正因夫义妇德，胡林翼和陶静娟举案齐眉，相敬如宾，成为千古佳话。

湖南文化家族家训中更多的是强调妇德而忽视夫义。左宗棠的妻子周诒端勤劳善良，持家有方。左氏在《亡妻周夫人墓志铭》中写道："余以寒生骤致通显，自维德薄能浅，忝窃已多，不欲以利禄为身家计。又念吾父母贫约终身，不逮禄养，所以贻妻子者诚不忍多有所加。廉俸既丰，以输之官，散之军中，公之

---

① 胡林翼：《胡林翼集》第二卷，岳麓书社1999年版，第1012页。
② 胡林翼：《胡林翼集》第二卷，岳麓书社1999年版，第1018页。
③ 胡林翼：《胡林翼集》第二卷，岳麓书社1999年版，第1014页。

第五章 清代湖南文化家族家训的齐家思想

族郐（今作党）乡邦，每岁寄归宁家课子者不及二十之一，夫人安之若素。书来每询军中苦乐、饷粮赢缩，不以家人生产琐屑恩余。虽频年疾病缠绕，于药品珍贵者概却勿进。儿辈多方假贷，市以奉母，不敢令母知也。呜呼！妇人适人，由穷苦而充裕，患难而安荣，虽贤知鲜不移其志。若夫人黾勉同心，初终一致，已非寻常所能，矧其心之所存尚有进于此者！"① 左氏在家信中也多是要求妻子教育好儿女，处理好家务："家中事有卿在，我可不管。惟世乱日甚，恐居城居乡均无善策耳。"② "霖儿娶妇后渐有成人之度否？读书不必急求进功，只要有恒无间，养得此心纯一专静，自然所学日进耳。新妇性质何如？'教妇初来'，须令其多识道理。为家门久远计，《小学》、《女诫》可令诸姊勤为讲明也。"③ 曾国藩在家训中也有一些对妇德的规范和要求："家中遇祭酒菜，必须夫人率妇女亲自经手。祭祀之器皿，另作一箱收之，平日不可动用。内而纺绩做小菜，外而蔬菜养鱼，款待人客，夫人均须留心。吾夫妇居心行事：各房及子孙皆依以为榜样，不可不劳苦，不可不谨慎。"④ "夫人率儿妇辈在家，须事事立个一定章程。……望夫人教训儿孙妇女，常常作家中无官之想，时时有谦恭省俭之意，则福泽悠久，余心大慰矣。"⑤

湖南文化家族家训对家庭伦理的规范是对传统儒家伦理规范的继承和发展，在家庭和家族的稳定与发展乃至社会生活秩序的稳定上发挥了积极的作用。对湖南文化家族家训中家庭伦理观的研究不仅可以使我们了解清代湖南社会的家庭伦理状况，也有利

---

① 左宗棠：《左宗棠全集》第13册，岳麓书社2009年版，第316页。
② 左宗棠：《左宗棠全集》第13册，岳麓书社2009年版，第29页。
③ 左宗棠：《左宗棠全集》第13册，岳麓书社2009年版，第28页。
④ 曾国藩：《曾国藩全集·家书二》，岳麓书社1985年版，第1304页。
⑤ 曾国藩：《曾国藩全集·家书二》，岳麓书社1985年版，第1338页。

于我们在批判的基础上科学认识传统家庭伦理观的思想内涵，为构建新时期和谐家庭提供了思考和借鉴。

第二节 家族治生观

治生，即"治家人生产""治家人生业"，是指通过从事一定的工作或者职业，谋取家庭财富。治生之学最早产生于先秦时期，司马迁《史记·货殖列传》中曰："盖天下言治生祖白圭。"白圭是先秦时期商业理论的集大成者，被司马迁誉为"治生之祖"。由此，"治生"一词开始为历代所采用并开始出现在家训之中。

一 治生概述

维持家庭的正常开支运转必须有一定的物质条件为基础。《管子·小匡》："士农工商四民者，国之石民也。"① 在中国传统社会中，士农工商四业也是人们最常从事的治生手段，无论从事哪一种职业，都能够达到治生的目的。士农工商既是人的职业也代表着人的身份，在传统的等级社会中，士农工商四民具有稳定性，他们不会轻易改变其职业，尤其是居于四民之首的士，在业儒、力农之外，一般不会从事其他职业。其中原因，一方面是统治者为稳固统治而采取的政策导向。封建社会是农业社会，通过政策引导农民以务农为本，减少了社会流动，有利于社会稳定。另一方面是士人受到了儒家思想的影响。"君子喻于义，小人喻以利"②，传统士人秉持"君子谋道不谋食"的价值观，重道而轻

---

① 李山译注：《管子》，中华书局2016年版，第134页。
② 《论语·里仁》。

第五章 清代湖南文化家族家训的齐家思想

食,不屑于从事其他职业。

专门阐述家庭治生问题的家训文献肇始于宋代,以北宋末期叶梦得的《石林治生家训要略》最为典型。"人之为人,生而已矣。人不治生,是苦其生也,是拂其生也,何以生为?"① 治生家训的出现和宋代社会政治经济的发展有关。宋代社会商品经济有了长足发展,门阀士族逐渐衰落,基本退出了政治舞台。与此同时,庶族地主在经济领域占据了优势地位,并在社会上发挥着越来越重要的影响。此外,众多的庶族地主还通过科举考试进入统治阶层的行列,使得庶族地主在政治生活中的地位与影响力与日俱增。庶族地主经济实力的大小也决定着其政治地位的强弱。因此,为巩固和提高自身的政治地位,庶族地主就必须讲求殖财致富之道,不断发展和壮大自身的经济实力,并将殖财致富的治生原则和方法写入家训,传给子孙后代。

明清时期,商业和城市化的发展对士人的诱惑以及科举考试竞争越来越激烈,造成对士人的压力,为了谋求生存和发展,士人阶层也开始重视治生问题。治生思想更是大量涌现于家训著作中,如明代学者许相卿的《许云村贻谋》、姚舜牧的《药言》、清代张履祥的《训子侄》、孙奇逢的《孝友堂家规》、张英的《恒产琐言》等家训中对治生均有详细的论述。

"仓廪实而知礼节,衣食足而知荣辱。"人只有解决了生存问题才会追求道德上的完善。一般而言,士人治生的目的是解决个人和家庭的生计问题。生计问题解决不好,人就会为了生存而忽略道德与礼节的要求和限制。为此,清代湖南文化家族在家训中也广泛谈及治生问题。

---

① 叶梦得:《石林治生家训要略》,上海书店出版社2004年版。

二　耕读传家——传统化的治生取向

耕读传家是传统中国人最理想的生活方式，不仅受到传统知识分子的推崇，而且也成为清代湖南文化家族理想的治生方式。梁漱溟在《中国文化要义》中指出："在中国读与耕之两事，士与农之两种人，其间气脉浑然，相通而不隔。"① 在以农耕文明为基础的自然经济形态的乡土中国，耕读传家是经济收入稳定和富裕的农民家庭的一种劳动和生活方式。士为四民之首，"学而优则仕"是读书人最理想的人生道路。由士而仕，能使读书人获得政治效益和经济效益，将个人理想和社会理想结合在一起。以农耕经济为主的封建时代，务农没有水火盗贼之忧，虽不能大富大贵，但稳当可靠。因此，除读书之外，治生首选务农。以耕读传家，进能够出世荣身，实现兼济天下的理想；退也能够居家耕读，独善其身。因此，耕读传家，亦耕亦读，机动灵活，可进可退，成为儒士文人治生的首选。

曾国藩推崇耕读传家的治生观，并告诫家人要使家庭成为耕读之家。他在道光二十九年写给弟弟们的信中曰："吾细思凡天下官宦之家，多只一代享用便尽。其子孙始而骄佚，继而流荡，终而沟壑，能庆延一二代者鲜矣。商贾之家，勤俭者能延三四代；耕读之家，谨朴者能延五六代；孝友之家，则可以绵延十代八代。我今赖祖宗之积累，少年早达，深恐其以一身享用殆尽，故教诸弟及儿辈，但愿其为耕读孝友之家，不愿其为仕宦之家。诸弟读书不可不多，用功不可不勤，切不可时时为科第仕宦起

---

① 梁漱溟：《中国文化要义》，见金耀基《从传统到现代》，中国人民大学出版社1999年版，第11页。

第五章 清代湖南文化家族家训的齐家思想

见。"① 通过比较官宦之家、商贾之家、耕读之家和孝友之家的命运告诫弟弟们要以耕读孝友传家，不要时时想着科举仕宦。曾国藩也告诫儿子要保持耕读传家的传统。他在同治五年写给纪泽、纪鸿的信中说："吾家门第鼎盛，而居家规模礼节总未认真讲求。历观古来世家长久者，男子须讲求耕读二事，妇女须讲求纺绩酒食二事。《斯干》之诗，言帝王居室之事，而女子重在酒食是议。《家人》卦，以二爻为主，重在中馈。《内则》一篇，言酒食者居半。故吾屡教儿妇诸女亲主中馈，后辈视之若不要紧。此后还乡居家，妇女纵不能精于烹调，必须常至厨房，必须讲求作酒作醢醯小菜换茶之类。尔等亦须留心于莳蔬养鱼。此一家兴旺气象，断不可忽。纺绩虽不能多，亦不可间断。大房唱之，四房皆和之，家风自厚矣。"② 曾国藩以历史上世家久长者的经验告诫儿子要讲求居家规模礼节。男子要讲求耕读，居家要"留心于莳蔬养鱼"；妇女须讲求纺绩酒食，"必须常至厨房"，唯有如此才能保持门第鼎盛。

耕读传家的治生观也被清代湖南文化家族隆重写入族谱中的家训，以教育家族子弟以耕读为本业。如《茶陵拱辰刘氏家规》"力耕种"条云："上古之世，出也负耒，入也横经。耕与读，原一事也。迨其后而秀者使为士，朴者使为农，则耕自耕而读自读矣。第力有勤惰，则收获有多寡，而贫富遂至于相耀。登斯谱者，念夫求人之难等于上天，三之日于耜，四之日举趾，纳禾稼，筑场圃，悉奉天时而勤人事，则仰足以事，俯足以蓄，吾宗之子孙其亦家殷而户阜矣。"③ 用历史上有的家族耕读分离

---

① 曾国藩：《曾国藩全集·家书一》，岳麓书社 1985 年版，第 187 页。
② 曾国藩：《曾国藩全集·家书二》，岳麓书社 1985 年版，第 1268 页。
③ 上海图书馆编：《中国家谱资料选编·家规族约卷上》，上海古籍出版社 2013 年版，第 349 页。

导致贫富差距扩大的例子告诫子孙要耕读传家，唯有耕读结合才能家殷户阜。又如清乾隆四十年《邵阳隆氏家训》"勤本业"条云："《礼》、《乐》、《诗》、《书》，固高曾之矩矱；而庐舍田园，亦先人之基业。资禀俊秀者，萤窗雪案，当以显扬为念而移孝作忠；志存温饱者，出作入息，当以守创为务而先富后教，皆所称贤子弟也。"① 鼓励家族子弟以从事耕读为本，耕读为业者都是贤子弟。《湖南敦伦堂周氏家规》不仅劝导子弟以耕读为业，而且还主张对族中遇到困难的耕者和读者进行帮扶以光大世业。其第一规曰："吾族之兴家，始重于读，次勤于耕。吾子孙礼义兴、衣食足者，此也。故训子弟者，惟读与耕。读者，务本业，去奸诈，远势利，毋荒远大之谋。耕者，勤耘耨，弗游惰，不争讼，毋失田家之事。或可读者贫不能从师，则族之先达者训以诗书，课以试牍，富足者给以衣食、周以书册。或耕者春不足、夏不给，亦必用以周恤之义。使世世子孙，可光世业，毋贻祖羞。"②

而有的家训则告诫子孙在职业的选择中要有所侧重：首选读书、医生、稼穑和做工，在没有其他出路的情况下，才能经商。制定于清嘉庆元年的《湘潭石氏禁劝十七则》规定家族子孙不论资质秀美抑或粗蠢都要读书："仕路虽稀，书香未绝。子孙资质秀美者，固宜教以诗书；即粗蠢者，亦可变化气质，此子舆氏深望贤父兄之养不中不才者也。不然，腹笥既空，难入端人之侧；目丁不识，徒贻先世之羞。吾辈岂可以穷达而丧读书

---

① 上海图书馆编：《中国家谱资料选编·家规族约卷上》，上海古籍出版社 2013 年版，第 171 页。
② 上海图书馆编：《中国家谱资料选编·家规族约卷上》，上海古籍出版社 2013 年版，第 173 页。

第五章 清代湖南文化家族家训的齐家思想

之志也哉?"① 石氏家族崇尚文化,重视读书,告诫子孙决不能因为经济穷困和头脑蠢笨而放弃读书。王夫之对子孙治生职业的选择有先后和侧重。王氏是前明举人,其家族本是衡阳的名门望族,但是经历了明清易代的战乱,家道日趋败落。他忠于明朝,不仕清朝。不仕清朝,意味着王夫之没有来自朝廷的物质帮助。"达则兼济天下,穷则独善其身",王夫之却能安贫乐道,看不起那些孜孜以求财富的人,他在《俟解》中云:"鸡鸣而起,孳孳为利,专心并气以趋一途,人理亡矣。"在子孙后代如何治生的问题上,他一方面要求子孙根据自身的力量禀赋结合机会选择适合自己的职业;另一方面要求子孙在选择职业时首选做读书人,其次做医生,再次做农民、工匠和商人。他在《传家十四戒》中曰:"能士者士,其次医,次则农工商贾,各惟其力与其时。"② 又如《宁乡涧西周氏规劝》也将士农工商作为子孙职业选择的先后顺序。其"勤职业"条云:"小富微名,勤耕苦读原可力致,命不足道也。读纵无成,变化气质,讲明义理,亦可勉为贤良方正。耕或不能身亲,因时劝课,毋荒毋怠,家道定尔兴隆。次之或工或商,一材一艺亦足资身善后。要在各精其业,才有受用。倘浮慕因循,遽希厚偿,见异思迁,贪求倖获,卒至结局无成,徒归究时运,而不悟其非,岂不谬哉!"③ 这些家族将耕读作为治生的首选,将经商作为万不得已情况下的选择,体现出对传统下的耕读传家治生观的重视和将经商作为不得已下治生的选择。

---

① 上海图书馆编:《中国家谱资料选编·家规族约卷上》,上海古籍出版社2013年版,第215页。
② 王夫之:《船山全书》第十六册,岳麓书社1996年版,第367页。
③ 上海图书馆编:《中国家谱资料选编·家规族约卷上》,上海古籍出版社2013年版,第130页。

湖南文化家族在治生职业的选择上也有着品格和人格方面的原则和要求。治生是文化家族维持存在和发展的基本要求。但是在治生的职业选择上，湖南文化家族也不是来者不拒、不加选择的。他们在职业的选择上有着品格和人格方面的原则和要求。《衡山罗氏北门房家规》"劝务正"条云："术业有济，胥正业也，士农工商是已。然是四者，或矻矻穷年，披戴星月，或佣身度岁，利仅蝇头，即为商贾者，间操奇赢而陆车水舟、离乡别墓，亦大维艰，皆佛氏之苦海也。故灵者达观，谓及时行乐；蠢者偷惰，亦舍业以嬉，此倡优皂隶弋猎博弈之纷纷也。不知此生落地先啼，那有快境？仰事俯育，待哺嗷嗷，不寻一终身可靠之业，焉能全身全家？试观世上立于四业之外者，几人安然结果？甚则不为拐盗，便弃尸路傍，其家人又无论已，此亦何苦取一时之安，遗笑人间哉！凡族间子弟父兄，视其资之所近，四者择一，务令持之有常，习之必工，术业既成，即是黄金、白玉，从古鲜有趋正业而误者。牢记牢记。"①倡优、皂隶、弋猎、博弈通常都被视为正业之外的旁门左道。衡山罗氏将士农工商视为正业，将倡优皂隶弋猎博弈等视为末业，并告诫子孙必须从事正业，士农工商，四者择一。

湖南文化家族在治生职业的选择上也有禁忌。人一旦进入公门做胥隶，就成了官家奴婢，做的都是和利益有关之事，加之为官员驱使如鹰犬，容易滋生不良习气，影响品格。因此，在衙门做胥隶当差被认为是丧名败节。僧道避世修行，以成佛成仙作为人生终极追求，这在封建社会是一种消极避世的思想，在以儒家入世思想为主流的封建社会，当僧做道无疑不符合人们传统的价

---

① 上海图书馆编：《中国家谱资料选编·家规族约卷上》，上海古籍出版社 2013 年版，第 353 页。

第五章 清代湖南文化家族家训的齐家思想

值观。文化家族在家训中就明文告诫子弟不可从事胥隶僧道等职业，以免家族蒙羞。《湘潭韶山毛氏家戒》规定家族子孙禁止从事胥隶和僧道等被认为是低贱的职业。其"为胥隶"条云："人在乡村，闲言存养。一入衙门，便如魍魉。一票一签，几斤几两。只讲盘子，不思冤枉。少不得意，一索三掌。怒气冲天，报施不爽。快活赚钱，休作此想。"① 其"为僧道"条曰："邪说异端，莫如僧道。高者谈元，卑者应教。昔圣昔贤，辟佛辟妙。倘非虚无，何故抹倒？人有五伦，僧归一扫。尽如此辈，人类绝了。邪正两途，各宜分晓。"②《宁乡熊氏祠规》不仅禁止子孙从事门丁皂隶的职业，还规定了对不听祖训而从事门丁皂隶的族人的惩罚措施："士农工商皆系本业，留心学习，尽可为衣食之资。若门丁皂隶，虽衣锦齿肥，徒为亲友取笑。倘族中有为此者，定行摒逐，不许入祠以玷先人也，当共懔之。"③ 清光绪二十七年长沙朱氏家族在其原有五条家训的基础上增补成了《长沙朱氏续增家训》。续增家训对原家训中略者详言之，缺者补充之。如其"远僧尼"条云："僧尼者无父无君，异言异服，名教之贼也。其言福田利益，既易惑人，而又创为轮回之说妄启三途，谬张六道，因有荐拔超度之论，以惑世诬民。殊不知死者形既消灭，神亦飘散。虽有地狱苦楚，亦安所施。矧托身名教，鼎峙三才，与其求解脱于身后，曷若积心德于生前。宋度宗时有僧名德公者，年百余岁。一日谓其徒曰：'老僧苦行百年，亦不能作佛，徒为不孝之人耳。'又元主尝令廉希宪受僧戒，希宪对曰：'臣已受孔子

---

① 上海图书馆编：《中国家谱资料选编·家规族约卷上》，上海古籍出版社2013年版，第433页。
② 上海图书馆编：《中国家谱资料选编·家规族约卷上》，上海古籍出版社2013年版，第434页。
③ 《宁乡熊氏续修族谱》，光绪十年本，卷八，《祠规》。

戒。'帝曰：'尔孔子亦有戒耶？'曰：'为臣当忠，属子当孝，孔子之戒如是而已。'吾侪纵不能如昌黎之'人其人，火其书'，谚云：'不通僧与道，便是好人家。'吾愿子若孙，力崇正道，毋为异端所惑。按异端乱正，不但僧尼已也，而愚民无知，每为所惑。又吾乡陋习，好持斋诵咒，如三官斋、观音斋，名色不一，总以邀福忏愆。不知斋者齐也，所以齐不齐也。古人非祭不齐，齐则聚精会神，优见忾闻，非徒不饮酒、不茹荤已也。使齐而有应，岂可以不诚不敬将之，如其无应，又何用齐为，徒见其惑而已矣。至若巫觋符咒之说，尤不可信。疾病偶然也，生死定数也。今人有恙，辄便求神请师，追魂解结。道巫群集，累夜经昼，以致荡费家财。病愈，则曰是祷之应也。不愈，则曰是祷而未诚也。噫！何愚昧一至此哉？至于烧丹炼汞，导气延年之说，较浮屠妄诞尤甚。程子曰：'吾尝夏葛冬裘，渴饮饥食，节嗜欲，定心气，如斯而已矣。'希夷先生语宋琪云：'今上圣明，君臣同心一德以兴道，致治勤行，修炼无过于此。'何今人之迷而不悟耶？他如淫祠妖庙，纷纷祈祷，举世若狂，安得一概屏除，以正人心而扶世道也。"①《长沙朱氏续增家训》告诫子孙远僧尼，不仅谆谆教诲，引用前贤语录，晓之以理，而且还用古代不信僧道的例子教育子孙，结合本乡持斋诵咒的陋习来说服子孙。

治生忌游惰。从古自今，人们都崇尚勤劳上进，反对懒散怠惰。文化家族更是教育子弟勤励自强，并将治生忌游惰写入家训，借以警示后人。如《湖南潘氏家禁十条》第三条"禁废生业"云："秀者立学，朴者归农，或为商贾，或为工艺，各有生业。每见读者半途而废，耕者易而为商为贾，因渐习而为游惰之

---

① 上海图书馆编：《中国家谱资料选编·家规族约卷下》，上海古籍出版社2013年版，第609页。

辈，学法术、延教师，遂至东荡西窜，流为冻馁，乃盛世之戮民。族中有此，绳以家法，免堕家声。"① 又如《长沙朱氏续增家训》"勤职业"条云："尝思夏后惜阴而王道成，元公待旦而相业就。矢志为山，世间无不成之事。竭力掘井，天下皆有为之人。但人欲作事，必须精力强健方能胜任。若沉溺嗜欲，则此身且不可保，安能发愤为雄？然最初贵能立志，继则精进不怠，务要成始成终。若得少而遂足，历久而倦勤，或遇顺境而贪逸，或遭逆境而挫锐，则亦不济。其必直前勇往，百折不回，一步不肯退转，一息不肯让人。励此志、用此功，毋论农商、技艺，自可丰衣足食。即读书道古者，何患不至圣贤地位。每见名门望族，莫不由祖宗勤励自强以成，子孙顽梗懒惰以坠。谚曰：'成立之难如登天，覆地之易如燎毛。'吾愿子若孙，策励以自勉。"② 再如清宣统二年《上湘龚氏族规》"谋生计"条曰："游惰为致贫之原因。农工商皆属实业，随执一业，便可谋生。如有子弟年满十五游荡无业者，罚其父兄。"③

三　诸业均可——多元化的治生取向

自古以来，中国长期推行的重本抑末的政策使得商人一直处于"士农工商"四民的末端，处处受到压抑和歧视。明代中期以后，商品经济和商品流通领域进一步发展和扩大，王阳明等名儒不仅承认商人的地位和作用，而且提出了"四民异业而同道"的主张："古者四民异业而同道，其尽心焉，一也。士以

---

① 上海图书馆编：《中国家谱资料选编·家规族约卷上》，上海古籍出版社2013年版，第186页。
② 上海图书馆编：《中国家谱资料选编·家规族约卷下》，上海古籍出版社2013年版，第607页。
③ 《上湘龚氏支谱》，1915年本，《族规类》。

修治,农以具养,工以利器,商以通货,各就其资之所迫,力之所及者而业焉,以求尽其心。"① 长期以来"轻商"的传统观念逐渐改变。

清代中后期,鸦片战争打破了闭关锁国的局面,中外之间的经贸联系进一步加强,重商思潮也开始在一些士人中兴起:"咸、同以前,搢绅之家蔑视商贾,至光绪朝,士大夫习闻泰西之重商,官、商始有往来,与为戚友,若在彼时,即遭物议。"② 文人士大夫经营生计,从事商业在京师以及沿海地区已经不再是新鲜事情了。如郭嵩焘曾云:"本朝士大夫无不经营生计,其风自闽、粤、江、浙沿海各省开之,浸及于京师。"③ 文化家族对治生观也开始了重新审视,他们不再固守耕读传家的传统治生观。士人们治生不再仅限于士和农,也开始将工商作为治生选择的目标,治生取向更趋多元。文化家族在家训中将士农工商一视同仁,鼓励家族子弟勤于本业,务所当务。订立于清乾隆年间的《长沙东海堂徐氏家训》反映了清中叶湖南文化家族诸业均可的治生观。其"勤本业"条云:"人之贫富穷通,各有定分。倘妄意强求,终归无有。凡我族人士,勤学农力田,推之贾工贸易、内外纺绩织纴,亦当随分自尽。《易》曰:'天行健,君子以自强不息。'《书》曰:'若农服田力穑,乃亦有秋。'良足思也。"④ 而订立于同治八年的《邵西罗氏规训》则指出士农工商性质不同,但是本质却是一样的。其"务职业"条云:"士农工商所业不同,而务所当务则同也,特恐见异而迁,则一事无成矣。诚为士者,进德修业,

---

① 王阳明:《节庵方公墓表》,四部备要本《阳明全书》卷25。
② 徐珂:《清稗类钞》第5册,中华书局1984年版,第2051页。
③ 郭嵩焘:《郭嵩焘日记》第4卷,湖南人民出版社1983年版,第297—298页。
④ 上海图书馆编:《中国家谱资料选编·家规族约卷上》,上海古籍出版社2013年版,第204页。

第五章 清代湖南文化家族家训的齐家思想

朝潜夕考，则退为有本之学，进为有用之才。为农者，春耕秋敛，不失其时，撙节爱养，不恣于度，则盈宁可卜、俯仰有资。工则审四时、饬六材，居肆成事，而所业必精。商则通有无、权贵贱，公平交易，而所获自饶。夫天下无易成之业，而亦无不可成之业。各务乃业，则业无不成，而家亦成矣。可不称成家之令子哉！"① 订立于清宣统三年的《湖南益阳南峰堂龚氏家训》则反映了清晚期湖南文化家族对士农工商四业作为治生手段都可以兴家治国的科学认识，并在家训中就工和商两种职业的特点和贵恒贵勤的成功秘诀为子孙进行了分析和告诫："士农工商，此四等人，可以兴家，可以治国。弟子十二三岁时，贤愚已定，贤者令做向上事；愚者亦令其各执一艺，不使闲旷其身。到了长成，庶仰可以事父母，俯可以畜妻子。若姑息，听其暴弃，鲜不贻后悔也……百工之事，惟熟乃能生巧。人果专门学手艺，不见异思迁，天下自无难事。即手艺学精了，尤宜把工夫要紧。不可东游西荡，耽延日子。可见做手艺之人，亦要有恒心，斯为不误主雇。商贾一流，近来愈盛。或贸易市店，或负贩他乡，利之所在，莫不争趋。总之钉头削铁，获利无多，务要早起晚睡，以生意为重。不可偷安宴乐，徒事铺张。语云：'不将辛苦意，难取世间财。'信然。"②

诸业均可的治生观也是诗书传家的文化家族在面对社会变迁的过程中为了家族的延续和繁荣，顺应时变做出的选择。有的文化家族不仅不反对子弟经商，还在家训中郑重告诫子孙经商是耕读之外的又一选择。乾隆四十年刻本《邵阳隆氏族谱》

---

① 上海图书馆编：《中国家谱资料选编·家规族约卷上》，上海古籍出版社2013年版，第438页。
② 上海图书馆编：《中国家谱资料选编·家规族约卷上》，上海古籍出版社2013年版，第74页。

中的《邵阳隆氏家训》"勤本业"条云:"经商客旅,服贾牵车,亦莫非营生之计,特不得借口耕读之外别无生涯,而坐耗游食,奇技淫巧,作为无益,自外名教。"① 文化家族家训中即有劝导子孙对士农工商一视同仁,而且不管做何种职业都要抖擞精神的内容。订立于道光二十七年的《衡山石塘丁氏校经堂家训》"持门户"条云:"我族先人,诗书以振家,赀产以裕后,于湘东颇称望族。今亦稍替矣,苟非出大力以相维,何以延先泽于勿坠哉?今试即扶门祚之要而略言之:人惟勤则忧、逸则乐,生忧患而死安乐,理有固然。尝见子弟席丰厚,往往视诗书为桎梏,笑耕凿为鄙俚,宴乐是耽,不理本业。及至荡产,仰事俯畜,俱无所资,有僓然不能终日,不勤故也。惟抖擞精神,无论士农工商,志以帅气,如风之发、泉之涌,而有不振兴者,未之有也。"②

综上所述,由于受传统儒家思想的影响,清代湖南文化家族首选和占据主导观念的是耕读传家的治生观,以耕助读,以读佐耕。清代中后期随着商品经济的发展和国门的打开,人们对工商的态度也逐渐发生变化,士农不再是人们治生的唯二选择,湖南文化家族诸业均可的多元治生选择即体现了这一变化。

第三节 家族赈济观

传统中国是宗法社会,人民聚族而居。宗族以血缘关系为纽

---

① 上海图书馆编:《中国家谱资料选编·家规族约卷上》,上海古籍出版社2013年版,第171页。
② 上海图书馆编:《中国家谱资料选编·家规族约卷上》,上海古籍出版社2013年版,第373页。

第五章 清代湖南文化家族家训的齐家思想

带,并通过地缘关系的结合,渗透于民间社会生活的方方面面。湖南地处我国内陆,宗族观念尤其浓厚。钟琦在《皇朝琐屑录》中说:"两江、两浙、两湖诸省,崇仁厚,联涣散,各村族皆有谱牒。"① 乾隆朝协办大学士陈宏谋说:"直省惟闽中、江西、湖南皆聚众而聚,族皆有祠。"② 宗族观念浓厚的地方必然会孝敬祖宗,团结族人,巩固家族组织和宗族制度。《礼记·大传》曰:"人道亲亲也,亲亲故尊祖,尊祖故敬宗,敬宗故收族。"③ 作为同一个祖先的后代,应该相互关心,相互照顾。"九族同脉亲,根本原一人。喜相庆,戚相矜,贫贱富贵何分论。即系同支派,谁不是子孙。敦宗睦族意殷殷,一家仁让群推敬。"④ 宗族社会重视敬宗收族,同宗族的人应该同心同德,休戚相关,共同维持宗族一体,从而形成了家族赈济观。

一 家族赈济观的形成

扶危济困、乐善好施是中华民族的传统美德。清代湖南文化家族继承了这一传统美德,形成了保族兴家的家族赈济观。保族兴家成为湖南文化家族一项重要的社会功能。清代湖南文化家族都注重对族人的扶持和团结,尤其是人口众多,财力雄厚的家族在赡养和救助族人方面更为积极,"湘中族姓,富庶者往往预筹多金,为慈善事业。凡族人力不能营丧葬嫁娶,或嫠妇孤儿之无可存活,胥佽助有等"。⑤ 湖南文化家族保族兴家的家族赈济观

---

① 钟琦:《皇朝琐屑录》卷38《风俗》。
② 《皇朝经世文编》卷58《寄杨朴园景素书》;卷58 陈宏谋《选举族正族约檄文》。
③ 陈戍国点校:《四书五经》上册,岳麓书社1991年版,第558页。
④ 全国图书馆文献缩微复制中心:《湖南名人家谱丛刊·湘乡九溪彭氏族谱》卷首之《家训》,湖南图书馆馆藏。
⑤ 劳柏林校点:《湖南民情风俗报告书》,湖南教育出版社2010年版,第3页。

的形成受睦族观、政府倡导以及农民运动和湘军崛起等多方面的影响。

湖南宗族保族兴家的家族赈济观的形成受传统睦族观的影响。《尚书·虞夏书·尧典》曰："克明俊德，以亲九族。"《诗经·大雅·文王》云："本支百世。"睦族即整个家族和睦共处，宗族和睦就要处理好族人之间的关系，维护好族人之间的团结和合作，使宗族能够保持繁荣和稳定。为了实现睦族的目标，不少家族把睦族的要求写进了家训。《沩宁刘氏家劝》曰："吾族之伯叔昆季，虽有亲疏远近之不同，然自吾族吾宗视之，则皆子孙也。故凡我族人务宜相亲相近，言归于好。"① 由族人之间和睦共处推而广之，许多宗族也要求族人与乡邻、姻亲等诚心相待，和睦共处。《宁乡靳水双江陶氏五修族谱》言："渊里当厚。曰渊者，族之亲；曰里者，族之邻；远则情义相关，近则出门相见，凡事皆当厚，通有无，恤患难。不论曾否相与，俱以诚心和气遇之。"② 正是传统睦族观的影响，越来越多的家族扶危济困，帮助族人，维护宗族的和睦与繁荣。

官方的支持与鼓励是清代湖南文化家族赈济观形成的又一原因。封建统治者利用宗族组织和力量加强对基层社会的治理，进而维护和巩固其政权；宗族为了维护家族的和睦和稳定，倡导家族赈济观；宗族的做法与官方高层的目标相一致，因而得到了来自官方的支持和鼓励。乾隆皇帝就提倡和鼓励家族赈济行为："如提倡义庄、义田、义仓、义学、义冢，许具呈本州县，详报上司立案，仍听本人自身经营，胥吏土豪，不得干涉，希图渔利，

---

① 《沩宁刘氏族谱》卷三之《家劝总言》，民国序伦堂木活字本。
② 《宁乡靳水双江陶氏五修族谱》卷十八之《彝训》1929年刻本，湖南图书馆馆藏。

第五章 清代湖南文化家族家训的齐家思想

该督抚体公核实,大者题请,小者著量行旌奖。"① 此外,清朝统治者还以法律的形式对家族赈济行为予以肯定和支持,对在赈济活动中做出了突出贡献的人还给予建坊或给匾旌表。清朝《大清会典事例》即明确规定:"凡士民人等,或养恤孤寡、或捐资赡族、助赈荒歉、实与地方有裨益者,均造册送部;其捐银至千两以上,或田粟准值银千两以上者,均请旨建坊,遵照钦定乐善好施字样,由地方官给银三十两,听本家自行建坊,若所捐不及千两者,请旨交地方官给匾旌表,仍给予乐善好施字样。"② 宗族通过实施家族赈济活动既团结了族人,也得到了官方的肯定和表彰,又进一步扩大了宗族头面人物和宗族在社会上的影响力。

农民运动与湘军崛起是湖南文化家族赈济观形成的再一原因。咸丰元年,洪秀全在广西桂平县金田村发动了太平天国起义,短短几年就席卷了半个中国。为了镇压太平天国起义,咸丰帝命令各地士绅自办团练,协助官军战斗。在官府集中全力与太平天国作战时,地方上出现了权力真空,给了地方宗族扩大族权的机会。有些地方的社会秩序就完全依靠宗族来维持,甚至因为战争带来的饥荒和流民也依靠宗族来赈济。湖南团练使得湘军势力崛起,在平定太平天国的战争中,湘军将领立功受奖,衣锦还乡,有的成为地方官员,有的成为宗族头面人物。他们利用手中的权力和钱财,积极支持家族活动,施行家族赈济,设置义田、义庄,开办义学,赡济弱者,资助家族子弟,不但缓和了家族内部的矛盾,而且维护了家族的利益,提高了家族的地位。

---

① 《乾隆实录》卷之五。
② (光绪)《大清会典事例》卷403 之《礼部·风教·好义·旌表乐善好施》。

二 家族赈济观的内容

传统的中国社会是以血缘为纽带形成的宗法社会。宗族观念在同宗同族人们的心目中尤为强烈。清朝统治者标榜以孝治天下，为宗族的发展提供了一个相对宽松的环境，宗族力量的发展在清代达到了空前鼎盛。湖南是封建理学的发源地，加之湖南地处我国南部中央地区，是一个传统的农业大省。特定的地理环境，传统的农耕文化和封建宗法伦理观的影响，使得湖南地区的宗族观念尤为浓厚，正如《湖南民情风俗报告书》所说："楚俗尚鬼，重祖先，故家族之念甚深。"[①] 在家族赈济观的影响下，湖南文化家族也重视扶危济困，敬宗收族，左宗棠在《与癸叟侄》中谈到了其济人原则："济人之道，先其亲者，后其疏者；先其急者，后其缓者。"[②] 湖南文化家族的家族赈济观首先体现在赡亲，对亲人的帮助；其次体现在济族，即对族人的扶持；最后体现为兴教，热心家族教育。

（一）赡亲

湖南文化家族重视人伦孝悌。《礼记·礼运》云："父子笃，兄弟睦，夫妇和，家之肥也。"[③] 家庭和谐幸福就要理顺父子、兄弟和夫妻关系；《孝经》曰："不爱其亲而爱他人者，谓之悖德；不敬其亲而敬他人者，谓之悖礼。"[④] 爱护他人，尊敬他人首先就要爱护尊敬自己的亲人。湖南文化家族都知书达理，对兄弟姐妹和妻子一族之亲都给予了力所能及的帮助。

---

① 劳柏林校点：《湖南民情风俗报告书》，湖南教育出版社2010年版，第1页。
② 左宗棠：《左宗棠全集》第13册，岳麓书社2009年版，第7页。
③ 陈戍国点校：《四书五经》上册，岳麓书社1991年版，第518页。
④ 胡平生译注：《孝经译注》，中华书局1996年版，第19—20页。

第五章 清代湖南文化家族家训的齐家思想

左宗棠对家族亲人尽心尽力,予以帮助。左宗棠重视家教,常告诫孝威、孝宽、孝勋、孝同要敦兄弟之情:"吾愿尔兄弟之读书做人,宜常守我训。兄弟天亲,本无间隔……兄弟之间情文交至,姒娌承风,毫无乖异,庶几能支门户矣。"① 左宗棠不仅教育儿子要重视兄弟之情,他自己也非常重视"兄弟天亲",他的伯兄左宗棫英年早逝,留下寡嫂和侄儿左世延相依为命。左宗棠的长姐因贫病交加,早年去世,遗下外甥朱元敬即朱和哥。左宗棠对嫂子、侄儿以及外甥都极力帮衬,承担了扶助大嫂,抚养侄儿和外甥的责任和义务。同治八年,左宗棠特地从养廉银中拿出重金,为侄儿世延和外甥和哥买田置地:"尔言延哥光景艰难,欲为其买田作久远计,于义甚当。吾非忘义之也,特以延哥,和哥性质均非可处乐之人,愚而多财,将益其过,故每吝之,冀其从艰苦长些志气耳,兹竟无望矣。延、和有子,近并不知其光景何似,拟各予以千金之产,俾有饭吃,有衣穿,以完吾素愿。此项可从吾养廉项下划给,当致书若农观察拨交尔曹。"② 除了替侄儿买田置地,左宗棠还多次敦促儿子为侄儿世延代还欠款:"世延负债甚多,前谕勋同,允其向代为清还……自后勋同亦无来信,未知毕竟如何?"③ "世延积欠之债,原谕尔等清理。其居乡居城亦听其自酌,惟寄居岳家庄屋于义无取耳。"④ "延哥负债甚多,未知确数。伊既约来城,自可晤询一切。所欠之债均系岳家亲戚处移借,可遂属其将总数告知。尔等概与代还其银,仍交其亲手领讫可也。"⑤

---

① 左宗棠:《左宗棠全集》第 13 册,岳麓书社 2009 年版,第 123 页。
② 左宗棠:《左宗棠全集》第 13 册,岳麓书社 2009 年版,第 128 页。
③ 左宗棠:《左宗棠全集》第 13 册,岳麓书社 2009 年版,第 183 页。
④ 左宗棠:《左宗棠全集》第 13 册,岳麓书社 2009 年版,第 190 页。
⑤ 左宗棠:《左宗棠全集》第 13 册,岳麓书社 2009 年版,第 193 页。

左宗棠对岳家亲人也极尽帮衬之力。左宗棠因为自家贫困，入赘周家并长期居住在岳家。岳家亲戚并没有就此而嫌弃他，岳父母对他非常器重，妻子周氏的兄弟姐妹对他也和善关照。左宗棠在岳家一共生活了十几年，直到有了积蓄，买田柳庄才移居湘上。左宗棠对妻子周氏娘家非常感恩，周家后因家庭变故而衰落，他经常嘱托儿辈关心外家亲人，给予帮助："尔母每念外家家业中落，尔姨母景况甚苦，虽未向我说过帮贴一字，而意中恒不自释，尔等须体此意，时思所以润之。"① "尔舅母，姨母处光景何如？恐不可不点缀，尔等当酌致之。"② "二舅决意移居县城，当有以周之，毋失其欢。尔母兄弟仅存一矣。"③ "尔姨母无复佳况，大舅母亦然，时当周恤，以慰尔母之意，能为代谋长久更佳。"④ 左宗棠谆谆告诫儿辈帮助关心外家，既是报答外家当年对自己的帮助，也是寄托对妻子的一片哀思，更是其家族赈济观使然。

胡林翼的家族赈济观体现在对父辈的孝敬和对兄弟姐妹的关心上。胡氏自幼受父亲胡达源教诲，和夫人陶静娟成亲后又得到了岳父陶澍的提携和指点。胡林翼为国尽忠，为家尽孝，给亲人以关心和帮衬。胡林翼长年在外领军做官，与家人离多聚少。胡林翼的叔伯辈共有四人，他对叔父蕊轩公、墨溪公也非常关心，问寒问暖。在写给叔父蕊轩公的信中，他为叔父寻医问药："悉吾叔近因疟病，精神颇萎顿。此病医治得法，三四次后本可即愈，然使医治不加慎，则纠不已，最足困人。……署中有以截疟药嘱为转奉者，据云已屡试屡验，叔盍一试之？谚云：'丹方一

---

① 左宗棠：《左宗棠全集》第13册，岳麓书社2009年版，第138页。
② 左宗棠：《左宗棠全集》第13册，岳麓书社2009年版，第140页。
③ 左宗棠：《左宗棠全集》第13册，岳麓书社2009年版，第149页。
④ 左宗棠：《左宗棠全集》第13册，岳麓书社2009年版，第156页。

第五章　清代湖南文化家族家训的齐家思想

味，气死良医。'服后竟能使疟鬼退避三舍也。"① 七叔墨溪公是胡林翼父辈中在世的最后一位，胡林翼多次在家信中交代夫人陶静娟要好生供养并时常馈赠特产给墨溪公，对七叔所请也总是竭力满足，体现了胡氏的孝思："七叔年高，面色太白，家中有好饮食好菜物，时时供养为要。我父辈四人，只有叔父耳。"②"再，麋茸酒一坛……可以小瓶封一斤送七叔。自交，莫假手于人。七叔亦见老态矣！上辈四昆仲，只剩七叔尚存，不可不敬。七叔曾向我欲肉桂，可送二三枝。"③ 胡林翼也重视手足之情，对兄弟姐妹也非常关心爱护。表姐安真去世后，表弟怀琪又在弱冠之年早卒。胡林翼时在贵州安顺知府任上忙于政务，无法脱身，他交代枫弟前去致礼，并嘱其要多给赙金，以示哀痛和慰问："四姊夫家前年因迁居乡间，丧表姊安真，今又丧表弟怀琪，四姊夫夫妇纵善自达观，老怀必为之不豫矣。怀琪表弟姿质极佳，且沉静用工，作事又有条理，似非无寿者，乃弱冠年华，遽赴修文之召，伤哉！此次五七，赙仪宜较前为重，并望亲到姊夫处，善为劝慰之。"④

曾国藩对亲人也关心帮助备至。曾国藩出生在湘乡一个普通的耕读家庭，兄妹九人中，曾国藩为长子，祖父曾玉屏勤劳善良，父亲曾麟书为塾师秀才。作为长子长孙，他深受祖父和父亲的影响，考中进士做官后更是恪守儒家孝悌思想。曾国藩对父祖非常孝顺，道光二十七年升内阁学士，皇帝赏赐其袍褂一付，他另买一付连同此袍褂寄回家送与父祖："寄回祖父、父亲袍褂二付。祖父系夹的，宜好好收拾。每月一看、数月一晒，百岁之后，

---

① 胡林翼：《胡林翼集》第二卷，岳麓书社1999年版，第972页。
② 胡林翼：《胡林翼集》第二卷，岳麓书社1999年版，第1016页。
③ 胡林翼：《胡林翼集》第二卷，岳麓书社1999年版，第1018页。
④ 胡林翼：《胡林翼集》第二卷，岳麓书社1999年版，第967页。

即以此为敛服,以其为天恩所赐,其材料外间买不出也。父亲做棉的,则不妨长着,不必为深远之计。盖父亲年未六十,将来或更有君恩赐服,亦未可知。"① 作为长兄,曾国藩对弟弟们也非常关爱,主动承担起他们的学费:"寄回银五十两。其四十两用法:六弟、九弟在省读书用二十六两,四弟、季弟学俸六两。"② 曾国藩宦游在外,也很挂念其他亲戚。道光二十四年曾国藩寄银千两回家,一部分用于家中还债,一部分专用于馈赠亲族:"各亲戚家皆贫,而年老者,今不略为欤助,则他日不知何如。自孙入都后,如彭满舅曾祖、彭王姑母、欧阳岳祖母、江通十舅,已死数人矣。再过数年,则意中所欲馈赠之人,正不保何若矣!家中之债今虽不还,后尚可还。赠人之举,今若不为,后必悔之。"③ 由此可见,曾国藩赈济亲人,以真情为前提,发自内心,设身处地地为亲人们的生活实际考虑。

  彭玉麟尽管征战在外,但也将亲人的冷暖记挂于心。他因为战功获得四千两白银的奖赏,便将此中一部分即用来接济穷苦的亲人:"前寄白银四千两,乃攻克田镇时,帅营所犒赏。侄思此银,都从头颅血肉丛中取得来,于心不安,想家乡多苦百姓,苦亲戚,正好将此银子行些方便,亦一乐也。彭城老伯母,苦节五十年,族中无贤子侄可以靠傍,侄意按月赡养之。五舅年老,穷守村塾,虽是乐天知命,无求于人,做小辈理宜孝敬。可惜守敬叔和王、丁两家遭匪难,路途杳远,音问莫从,侄意派人四出寻访,馈金酬报曩昔知遇之恩,省得来世变犬变马。其余可以偿清旧债。渠等见侄做官,不敢来索,适以增吾罪恶,吾必还清,便

---

① 曾国藩:《曾国藩全集·家书一》,岳麓书社1985年版,第183页。
② 曾国藩:《曾国藩全集·家书一》,岳麓书社1985年版,第148页。
③ 曾国藩:《曾国藩全集·家书一》,岳麓书社1985年版,第74页。

是夜来睡眠也觉安宁。"①

（二）济族

清代湖南宗族势力强大，宗族意识浓厚，在宗族内部重视血缘亲情，注重同宗共祖意识，对族人帮助有加。湖南文化家族诗礼传家，重视血缘伦理，珍视同宗亲情，相对一般家族更加重视家族赈济，对族人有着更多的接济和帮助。

左宗棠热心于帮助族人，通过置买族田、爵田，兴办义庄，周给钱粮寒衣，对族人进行赡养周恤。他接济的对象主要是宗族中鳏寡孤独、穷老无依和有困难的族人。他在同治三年写给孝威的家信中云："族中苦人太多，苦难普送。拟今岁以数百金分之，先尽五服亲属及族中贫老无告者。"②"义学之外，尚须添置义庄，以赡族之鳏寡孤独，扩充备荒谷以救荒年，吾苦力不赡耳。"③光绪二年，他在写给孝宽的信中言："宗族中应赒恤者，除常年义谷外，随宜给予。先近枝，后远枝，分其缓急轻重可矣。此后爵田有成，则归爵田支销耳。"光绪四年，左宗棠写给孝宽、孝勋、孝同的信中强调："族众贫苦患难残废者，无论何人，皆宜随时酌给钱米寒衣，无稗冻饿。至吾五服之内必更有加，愈近则宜愈厚也。九、十两伯老而多病，除常年应得外，每年酒肉寒衣，不可不供也。吾每念及，心滋戚焉！尔曹体之。"④光绪五年，左宗棠在写给孝宽、孝勋、孝同的信中再次告诫："凡我五服之内兄弟贫苦者，生前之酒肉药饵，身后之衣裳棺木，均应由我分给。否则路

---

① 襟霞阁主：《清十大名人家书》，岳麓书社1999年版，第315—316页。
② 左宗棠：《左宗棠全集》第13册，岳麓书社2009年版，第77页。
③ 左宗棠：《左宗棠全集》第13册，岳麓书社2009年版，第78页。
④ 左宗棠：《左宗棠全集》第13册，岳麓书社2009年版，第183页。

人视之，于心何忍？至亲亲之杀，虽有权衡，却以从厚为是。"①左宗棠举人出身，曾经的贫苦经历和地方大员的从政经验，使得他既有着一颗善良忠纯之心，又有着民胞物与的胸怀，使得他倾力济族，在赈济族人的过程中体现出了他的责任感和使命感。

曾国藩一生生活俭朴，做官之后不赞同存钱私肥一家，尽力周济生活困难的贫困族人。道光二十七年，他从寄回家中的五十两银子中特地拿出十两救助族中贫苦者："后又有十两，若作家中用度则嫌其太少，添此无益，减此无损。侄意戚族中有最苦者，不得不些须顾送。求叔父将此十金换钱，分送最亲最苦之处。叔父于无意中送他，万不可说出自侄之意，使未得者有怨言。"②曾国藩把救助族人作为一贯的生活志向。他在道光二十九年三月给诸弟的信中写道："大凡做官的人，往往厚于妻子而薄于兄弟；私肥于一家而刻薄于亲戚族党……若禄入较丰，除堂上甘旨之外，尽以周济亲戚族党之穷者。此我之素志也。"③曾国藩是这样说的，也是这样做的。同年七月，他在写给诸弟的家信中，郑重地决定在家乡设置义田，赡救贫苦族人："乡间之谷贵至三千五百，此亘古未有者，小民何以聊生！吾自入官以来，即思为曾氏置一义田，以赡救孟学公以下贫民；为本境置义田，以赡救二十四都贫农。……予之定计，苟仕宦所入，每年除供奉堂上甘旨外，或稍有赢余，吾断不肯买一亩田，积一文钱，必皆留为义田之用。此我之定计，望诸弟皆体谅之。"④除了例定的救助之外，为了帮助更多的族人，曾国藩还计划仿照朱子的做法，设置社仓。咸丰元年，他在写给弟弟的信中云："国藩欲取社仓之

---

① 左宗棠：《左宗棠全集》第 13 册，岳麓书社 2009 年版，第 187 页。
② 曾国藩：《曾国藩全集·家书一》，岳麓书社 1985 年版，第 148 页。
③ 曾国藩：《曾国藩全集·家书一》，岳麓书社 1985 年版，第 183 页。
④ 曾国藩：《曾国藩全集·家书一》，岳麓书社 1985 年版，第 194 页。

第五章 清代湖南文化家族家训的齐家思想

法而私行之我境。我家先捐谷二十石,附近各富豪亦劝其量为捐谷……本家如任尊、楚善叔、宽五、厚一各家,亲戚如宝田、腾七、宫九、荆四各家,每年得借社仓之谷,或亦不无小补。澄弟务细细告之父大人、叔父大人,将此事于一二年内办成,实吾乡莫大之福也。"①

湖南文化家族还将济族的思想正式写入家训规条中。有的家训规条中明确详细地列出了济族的要点和措施,具有很强的实践性和操作性。如《常德府武陵县皮氏宗规》"宗族当睦"条云:"尝谓睦族之道有三要:曰尊尊、曰老老、曰贤贤;又有三务:曰矜幼弱、曰周窘急、曰解忿争。引伸触类,为义田、义仓、义学、义冢,教养同族,使生死无失所,皆同气所当为。总之,人能以祖宗之念为念,自知宗族之当睦矣。"② 有的家训规条针对家族中的部分特定弱势群体,提出了济族原则。如《上湘成氏敬爱堂族规》"恤鳏寡"条云:"天下穷民,鳏寡居先。俯仰无资,更为可怜。形枯容槁,理宜生全。矧属同宗,安忍恝然。周饥济寒,升斗可捐。惠鲜有道,吾愿勉旃。"③ 还有的家训从情理上指出族中之间不仅要和睦共处,而且还指出对鳏寡孤独应加以赈济,如《邵阳隆氏家训》"睦宗族"条曰:"伯叔兄弟,虽有亲疏远近之殊,然自始祖视之,皆属一本。故九族既睦,《虞书》所重;万殊一本,太极所衍。须有无相通,患难相济,勿倚大压小,勿恃强凌虐,鳏寡孤独尤宜矜恤。"④

---

① 曾国藩:《曾国藩全集·家书一》,岳麓书社1985年版,第209—210页。
② 上海图书馆编:《中国家谱资料选编·家规族约卷上》,上海古籍出版社2013年版,第30页。
③ 上海图书馆编:《中国家谱资料选编·家规族约卷上》,上海古籍出版社2013年版,第134页。
④ 上海图书馆编:《中国家谱资料选编·家规族约卷上》,上海古籍出版社2013年版,第170页。

（三）兴教

中国是一个重视文化教育的传统国度。《礼记·学记》曰："君子如欲化民成俗，其必由学乎！……古之王者建国君民，教学为先。"① 建设国家，教育是最为优先的头等大事。要教化人民，形成良好的风俗习惯，一定要从教育开始。孔子提出的"庶、富、教"理论主张在发展经济的基础上重视教育。《孟子·滕文公上》曰："人之有道也，饱食、暖衣、逸居而无教，则近于禽兽。圣人有忧之，使契为司徒，教以人伦：父子有亲，君臣有义，夫妇有别，长幼有序，朋友有信。"② 孟子认识到，在具有一定物质基础后，教育就会发挥重要作用。教育关系着人伦道德的建立，社会的有序和人际关系的和谐。湖南文化家族信奉耕读传家，重视知识文化，多有匡时济世理想的儒家士大夫，他们对教育在社会中发挥的作用有着清醒的认识，热心家族教育，对家族中的教育教化事务大力倡导，并予以支持和襄赞。

胡林翼热心家族教育，个人出资兴办了箴言书院。胡林翼出身于书香门第，其父胡达源为嘉庆年间进士，胡林翼本人为道光年间进士。胡氏家族历来重视家族教育，胡达源著《弟子箴言》十六卷以教育子孙。胡林翼更是深刻认识到教育的重要作用，他在《箴言书院启事》中云："夫世事之治乱，系乎人才，而治术之盛衰，根于学术。"③ 但是因为太平天国等农民运动爆发，时局动荡，他认识到："然人不知学，则乱之生，将无日以已，将欲弭天下之乱，终必自正学术，培人材始。"④ 胡林翼心系家族教

---

① 陈戍国点校：《四书五经》上册，岳麓书社1991年版，第562页。
② 陈戍国点校：《四书五经》上册，岳麓书社1991年版，第87—88页。
③ 胡林翼：《胡林翼集》第二卷，岳麓书社1999年版，第1044页。
④ 胡林翼：《胡林翼集》第二卷，岳麓书社1999年版，第1044页。

第五章 清代湖南文化家族家训的齐家思想

育,在写给七叔墨溪公的信中,他明确表达了他兴教济族的想法:"我有钱,须做流传百年之好事、或培植人才,或追崇先祖,断不至自谋家计也。"① 为了培养家族人才,同时也为了纪念父亲胡达源,胡林翼积极捐银建设了箴言书院:"林翼负罪在军,不获躬亲版筑之役,其一切规画之费,敢自任之,尊师养士之大经,田亩庐舍之细目,皆赖我邑诸君子互为经营筹画,则所以培植善类而昌明正学者,固有以知其乐观厥成也。"②

左宗棠积极襄赞家族兴办义塾、义学,改造试馆。左宗棠对家族中的公共事务非常关心,对事关家族教育的事务更是尽心尽力。他认识到优秀的家族子弟对家族至关重要,并以此来鼓励子孙勤耕苦读,他在《致宽勋同》中谆谆告诫儿子:"吾总以世泽之兴隆要多出勤耕苦读子弟,家祚之昌盛总在忠孝节义,他不足贵也。"③ 同治五年,左宗棠从预支的陕甘总督廉俸中拿出一千多两白银为族人兴建试馆,方便族中子弟参加科举考试时居住。左宗棠还积极支持筹办义塾和义学。光绪五年,他在写给孝宽、孝勋、孝同的信中关注义塾的筹建:"西园等归时,告以合族建祠,置义塾及为中年未娶,世绪将绝者谋娶妻延祀计,需费可与尔等谋之,大约总在数千金以内。如有成议,可寄信来。"④

彭玉麟心系家族的教育事业。他认识到族人穷苦的根源在于教育的缺失,便将因军功受赏的四千两白银中的一部分委托叔叔作为兴学之资,为家乡和国家培养人才:"吾觉乡里间,惟侄显达,人皆穷苦,是天之待侄独厚,或者天非待侄独厚,把许多人

---

① 胡林翼:《胡林翼集》第二卷,岳麓书社1999年版,第1023页。
② 胡林翼:《胡林翼集》第二卷,岳麓书社1999年版,第1045页。
③ 左宗棠:《左宗棠全集》第13册,岳麓书社2009年版,第160页。
④ 左宗棠:《左宗棠全集》第13册,岳麓书社2009年版,第190页。

福命完全归我，要我去代他方便，所以想村中塾师多是冬烘头脑，没个博学鸿儒来启蒙牖俗，想请五舅屈尊，把一般孩子好好教导，替吾乡造就几个人才，便是替国家增若干元气。可从四千两银子中分拨若干，作为兴学之用。"① 彭玉麟以秀才而至显达，但是他在丰富的人生阅历中认识到了知识的重要性，将赏银用为兴学之资，体现了他的高风亮节和高瞻远瞩，更表现了他对家族的关心和对族人教育的重视。

湖南文化家族还专门制定了奖励读书的规程，对族人读书者给予相应的资助或者奖励，冀望于家族子孙能成才。如《湘潭泉冲王氏教育志·绪言》云："及至有清，族中规定凡入塾者佽助之，应试者津贴之，得科第者奖励之。"② 湘潭泉冲王氏还专门制定了《奖励读书章程》，进一步明确对读书的奖励标准：

入塾：给钱五千文。

应小试：给考费二两。列前茅，给银五两。

入泮：奖银五十两。纳饩及出贡，给银十两。

拔贡：奖银五十两。

应乡试：给银四两。中乡试，奖银一百两。

应会试：给路费五十两。中会试，奖银二百两。

点词林：奖银三百两。

以上所列，系专就宗祠而言。至泽山公祠对于贫儿入塾，给三千文。县府试终场者给完场费二两。入泮奖银百六十两。纳饩

---

① 襟霞阁主：《清十大名人家书》，岳麓书社1999年版，第316页。
② 上海图书馆编：《中国家谱资料选编·教育卷》，上海古籍出版社2013年版，第25页。

及出贡奖银八十两。中乡试奖银三百两。中会试奖银四百两。点词林奖银六百两。得鼎甲连元及元者，另奖银数十两或百两不等。得五贡，视中乡试小试，得首，亦另有奖。列前茅之奖，及考费、路费，均等于宗祠所给之数。予山公祠唯无入塾学费，其余小者，多等于宗祠奖银，则较宗祠倍之。仕益公祠亦无入塾学费及考费，他项奖励概照泽山公祠之规订。其余各支私公，对于各项给奖，均视公之大小肥瘠，或仿各祠临时酌定数两至百两不等，初无一定章程，以其繁也，不备载之。①

湘潭泉冲王氏对宗族子弟的读书考试给予大力支持，在《奖励读书章程》中提出了总的奖励原则，同时根据宗族中各支的经济情况略有微调，体现出王氏家族对家族教育的重视。

三 家族赈济观的影响

在以儒家伦理价值体系作为主导的中国传统宗法社会，人们重视收宗睦族，认为家族繁盛都是祖宗之德所佑护，如果感念祖宗之德，就要修持自己的德行。《孝经·开宗明义章》曰："夫孝，始于事亲，中于事君，终于立身。《大雅》云：'无念尔祖，聿修厥德。'"② 清代湖南文化家族不仅具有强烈的家族认同感，而且也有着强烈的利济家族的愿望和实际的行动，他们保族兴家的家族赈济观对国家和社会也产生了深远的影响。

文化家族保族兴家的家族赈济观增强了家族凝聚力。文化家族赡济族人，尤其是对鳏寡孤独和艰难贫苦的弱势族人进行赡养和救助，使他们能够渡过难关，避免了流离失所，免除了冻饿之

---

① 上海图书馆编：《中国家谱资料选编·教育卷》，上海古籍出版社 2013 年版，第 26 页。
② 胡平生译注：《孝经译注》，中华书局 1996 年版，第 1 页。

虞，从而增强了家族的凝聚力和向心力。家族赈济观以保族兴家为目的，密切了家族成员之间的联系，增强了家族成员之间团结友爱、患难与共的精神，不仅有利于家族秩序的稳定，而且对国家和社会秩序的稳定也有着重要的意义。

文化家族保族兴家的家族赈济观有利于弘扬社会正能量。清朝统治者以法律的形式对家族赈济行为予以肯定和支持，对在赈济活动中做出了突出贡献的人还给予表彰。同时，家族中对享受家族赈济的族人还有一定的要求和限制，湘乡蒋氏家族就规定："如有违犯法律，游手好闲只图坐食者，均即扣除。"[1] 要求族人品行端正，遵纪守法，不能游手好闲，如果违反则不能享受家族赈济。因此，家族赈济活动有助于族人改邪归正、弃惰从勤，培养勤劳的品质。官方对家族赈济行为的肯定和表彰也有利于发挥榜样示范效应，鼓励更多的人加入家族赈济活动。因此，文化家族保族兴家的家族赈济观有利于弘扬社会正能量，对良好家风和社会风气的形成有着促进作用。

文化家族保族兴家的家族赈济观客观上减轻了国家和社会的负担，缓解了社会压力。对鳏寡孤独和生活陷入困境的人提供了帮助。湖南文化家族通过自发、自愿的家族赈济活动对鳏寡孤独和生活陷入困境的族人进行帮扶，解决他们的困难，帮助他们渡过难关，家族主动担负起了本应由国家承担的责任和行为。这极大地减轻了国家和社会的经济负担，缓解了社会矛盾，有利于社会的稳定和发展。

文化家族保族兴家的家族赈济观还有助于兴教劝学，形成重教乐学的优良家风。文化家族有着耕读传家的家风，重视家族文化教育。他们在家族赈济活动中兴办义学，设置义塾，改造试

---

[1] 蒋德钧：《求实斋类稿续编》卷四《泽山公义庄条规并序》。

馆，建设书院，对家族中的教育事业大力倡导，鼎力支持。尤其是近代以来，长期战乱，文教废弛，文化家族采取的兴教劝学措施对恢复和促进文化教育起到了积极的作用。文化家族在家族赈济中积极开展兴教劝学的教育活动，不仅在家族内部形成了重视教育，鼓励读书的良好家风，而且对地方上其他家族在兴教劝学方面也起到了正面影响和引导作用。

综上所述，文化家族的家族赈济活动在家族赡亲、济族、兴教方面发挥着积极的作用。文化家族保族兴家的家族赈济观有利于增强家族凝聚力，弘扬社会正能量，减轻国家和社会的负担，形成重教乐学的优良家风。现代社会面临着新的社会环境，出现了一些新的社会问题，如子女在老人如何赡养方面的纠纷，家庭财产分配引发的家庭不睦、亲情淡漠等。这让我们不得不回过头来重新审视湖南文化家族家训中的赈济观，在当代社会中发挥其积极因素和正面价值。

第六章 清代湖南文化家族家训的作用和启示

清代湖南文化家族家训是中国优秀传统家训中一个极具特色的重要组成部分,不仅历史悠久,源远流长,而且内涵丰富,思想深刻。在家国同构的古代社会,以清代湖南文化家族家训为代表的传统家训成为古代家庭教育的重要载体,在培育家庭成员品德修养、规范家庭伦理、淳化社会风气等方面发挥了重要的作用,对中国的社会和文化产生了重要而深远的影响。探讨清代湖南文化家族家训的作用和现代启示,对于进一步了解和利用中国传统文化,意义十分重大。

第一节 清代湖南文化家族家训的作用

家训是为家族服务的,是家族教育的文化载体。清代湖南文化家族家训最主要的作用是维护了家族的生存和发展。从历史的发展来看,凡是订立了家训的家族大多能保持生机和发展,反之,没有家训的家族则更容易衰败。王夫之在《耐园家训跋》中指出:"吾家自骁骑公从邠上来宅于衡,十四世矣。废兴凡几而仅延世泽,吾子孙当知其故:醇谨也,勤敏也。乃所以能然者何

第六章 清代湖南文化家族家训的作用和启示

也?自少峰公而上,家教之严,不但吾宗父老能言之,凡内外姻表交游邻里,皆能言之。"①王氏家族历十四世而不衰的原因就在于有着良好的家教和家训。家训的订立者订立家训的出发点是为了让家族子孙能够修身、齐家,在乱世之中不至于衰亡,在盛世之中能够兴盛发达,光宗耀祖。从实际效果来检视,家训大多达到了订立者的这一预期愿望。

家训在家族子弟教育中发挥着重要的作用。现代社会拥有着完善的教育机制,各级各类的学校成为下至幼儿上至成人接受教育的主要场所。尽管学校包揽了教育的主要任务,成为儿童社会化的主要场所。但是家庭在现代社会中仍然在子女教育中扮演着重要的角色,发挥着重要的作用。古代社会中,缺少以学校为核心的教育机制,家庭事实上成为儿童社会化最重要的场所。在这样的背景下,制定一套成熟、完善而又行之有效的家庭教育规范,使家庭教育和社会相适应,对教育出符合长辈和家族期望的子弟,使家族成员更好的走向社会,具有重要的意义。清代湖南文化家族家训既有着传统家训中重视道德教化、学业发展等方面的内容,同时也有着关于治生、交友、管理家庭财务、仕宦方法等内容的家训,这是传统家训的一个新变化。道光二十七年《衡山石塘丁氏校经堂家训四则》"持门户"条:"我族先人,诗书以振家,赀产以裕后,于湘东颇称望族。今亦稍替矣,苟非出大力以相维,何以延先泽于勿坠哉?今试即扶门祚之要而略言之:人惟勤则忧、逸则乐,生忧患而死安乐,理有固然。尝见子弟席丰厚,往往视诗书为桎梏,笑耕凿为鄙俚,宴乐是耽,不理本业。及至荡产,仰事俯畜,俱无所资,有僾然不能终日,不勤故也。惟抖擞精神,无论士农工商,志以帅气,如风之发、泉之涌,而

---

① 阳建雄校注:《〈姜斋文集〉校注》,湘潭大学出版社2013年版,第120页。

有不振兴者，未之有也。"① 告诫家族子孙在职业选择上将士农工商平等对待，改变了过去重耕读、轻工商的传统观念，反映了清代湖南文化家族家训在治生观上的变化和进步。清代湖南文化家族家训在内容上的发展和变化，不仅丰富了传统家训的内容，而且为家训的发展指引了新的方向，在家族教育中发挥着重要的作用。

  清代湖南文化家族家训是维护和调节家庭关系的重要依据和指导规范。受社会转型、人口政策和生育观念的影响，现代家庭多为三口之家或五口之家。与现代家庭不同，在传统中国血缘宗法式的农业社会中家庭往往聚族而居，数世同堂，子孙繁庶、瓜瓞绵延、人口多达几百甚至上千人。传统社会的大家庭是农业社会自然经济中自给自足的社会基本单位，大家族又包含着若干小家庭，家族成员在利益诉求、个性特点、价值观念等方面都不尽相同，如果在家族成员的内部争端中处理失误，对家族财产经营不当，或者家族子弟教育缺失，家道就有中落或者衰败的可能。家训是独具特色的中国文化传统，也是家族文化的重要组成部分。家训往往言简意赅，谆谆教诲，对家族成员而言可谓"警世恒言"。在传统大家庭中，年长位尊者享有着绝对的文化权威，他们不仅有资格召集族人订立家训，而且有权对族人进行文化教育。衡州王氏家族王介之订立了《耐园家训》对族人在日常生活中通行的礼仪进行规范；益阳胡世家族胡达源制定了《教子箴言》对家族子弟进行道德教诲；郭昆焘写下了《云卧山庄家训》给儿辈，从读书、书法、论诗、居官等方面进行训诫；左宗棠家书、曾国藩家书更是言辞恳切，谆谆教诲。湖南文化家族的家训不仅详尽具体，而且内容丰富。其接人待物、为人处世、居家理

---

① 上海图书馆编：《中国家谱资料选编·家规族约卷上》，上海古籍出版社2013年版，第373页。

第六章　清代湖南文化家族家训的作用和启示

财、教育子弟等内容涵盖了家庭生活的各个方面，是管理家族事务和调节家庭关系的重要依据和指导规范。

清代湖南文化家族家训在家族子弟成才过程中发挥了重要作用。家族子弟是家族的未来。湖南文化家族以文化立家，自然重视家族子弟的文化教育，尤其重视家族子弟的早期教育。"童稚之学，先入为主。"孩童在头脑中形成道德思维是化外物为自身的顺化过程。因此，最早的道德教育和影响势必会给儿童留下刻骨铭心的记忆。文化家族在家族子弟幼小之时就开始重视其道德教育，并根据幼儿的特点，编订了适合幼儿学习的蒙训歌谣。如长沙唐氏家族的唐鉴编订了《幼学口语》，湘阴郭氏家族的郭家彪编订了《训蒙真诠》。除了重视幼儿的道德教育外，湖南文化家族在家族子弟年龄尚幼的时候还确定了其必须读书的培养方向。胡林翼无嗣，1857 年胡林翼把堂弟家尚在吃奶的两岁儿子取名胡子勋（小名赐福）过继到自己名下继承香火。胡林翼十分重视赐福的教育，在给夫人陶静娟的信中一再嘱咐："我一家之事，在乎培植子弟、选择先生为上……我一身及本宅之事，在乎照应赐福，预为读书地步"[①]，"林翼子孙必要读书"[②]。左宗棠也非常重视孙辈的学习："丰孙字好，近时已否开笔学作文章？恂、恕、慈读性何如？功课不可太多，只要有恒无间，能读一百字，只读五六十字便好。"[③]"丰孙读书如常，课程不必求多，亦不必过于拘束，陶氏诸孙亦然。"[④] 左氏在家信中也频频要求将孙辈的读书学习常态化，长期坚持，要有恒心。正是湖南文化家族在家训中注重家族子弟在幼小之时就要接受道德教育和知识学习，确定了

[①]　胡林翼：《胡林翼集》第二卷，岳麓书社 1999 年版，第 1015 页。
[②]　胡林翼：《胡林翼集》第二卷，岳麓书社 1999 年版，第 1015 页。
[③]　左宗棠：《左宗棠全集》第 13 册，岳麓书社 2009 年版，第 169 页。
[④]　左宗棠：《左宗棠全集》第 13 册，岳麓书社 2009 年版，第 174 页。

子弟必须读书的教育方向，这在培养家族子弟成长的过程中起到了重要的作用。

清代湖南文化家族家训的再一作用是弘扬了中华民族的传统美德。家训中有很多内容是劝人向善的，有相当部分是用勤劳、善良、孝顺、诚信、友爱、节俭、尊师、重道等中华民族优秀的传统美德来教育家族子弟。如《湖南潘氏家劝》即为初劝积善，再劝孝父母，三劝友兄弟，四劝睦宗族，五劝重丧祭，六劝慎冠礼，七劝务本业，八劝训子弟，九劝肃姆教，十劝早完粮。因而家训中这些具有普适性的内容，不仅能够为某个单独的家族使用，也能够为其他家族所共享，被其他家族通用，甚至在某种程度上成为社会教化的重要文本。如陈宏谋有感于教育子弟的疏漏和弊端，采录前人关于养性、修身、治家、为官、处世、教育等方面的著述事迹，分门别类辑为遗规五种：《养正遗规》、《教女遗规》、《训俗遗规》、《从政遗规》和《在官法戒录》，总称《五种遗规》。曾国藩对陈宏谋《五种遗规》十分推崇，不仅自己经常看，也要求四弟曾国潢多看："家中《五种遗规》，四弟须日日看之，句句学之。我所望于四弟者，唯此而已。……我有三事奉劝四弟：一曰勤，二曰早起，三曰看《五种遗规》。"[1] 左宗棠也非常信服《五种遗规》，把它摆放在案头手边，时常翻阅学习："山居无事，正好多读有用之书，讲求世务。《皇朝经世文编》、《五种遗规》两书，体用俱备，案头不可一日离也。"[2] 众多的文化家族通过家训一直继承、发扬着中华传统文化中的众多精华，才使得中华文化和传统的思想品德能够生生不息，代代相传。

清代湖南文化家族家训在劝人向善的同时也通过惩恶来间接

---

[1] 曾国藩：《曾国藩全集·家书一》，岳麓书社1985年版，第154—155页。
[2] 左宗棠：《左宗棠全集》奏稿卷7，岳麓书社2009年版，第603页。

第六章 清代湖南文化家族家训的作用和启示

宣扬中华民族的传统美德。清代湖南文化家族家训中也对赌博、盗窃、轻生、胡作非为等一些违背中华民族传统道德的行为明文禁止，在一定程度上抑制了这些不正之风，弘扬了传统美德。例如《湖南敦伦堂周氏家戒》中第一戒伐木惊冢，第二戒贪恋淫乱，第三戒紊乱尊卑，第四戒异性紊宗，第五戒婚订无毁，第六戒邪说惑人，第七戒慎滥交游，第八戒贪酒无厌，第九戒专谋利益，第十戒多纵奴仆。此外，《湖南敦伦堂周氏家禁》中还有第一禁非为，第二禁势欺，第三禁健讼，第四禁赌博，第五禁妄葬，第六禁搁葬，第七禁分授，第八禁溺女，第九禁轻生，第十禁宠妾。家训中不仅禁止一些不良行为，对一些恶行也明确了惩戒措施，使得族人对违反此行为心存忌惮。如《湖南潘氏家禁》对奸淫拐诱、盗窃诈伪等胡作非为的行为就明文规定了惩处措施："有事不当为而为，谓之非为。小则酗酒狂言，大则猖獗亡命，不循正道，不守礼法，皆非为也。甚者，奸淫诱拐，窃盗诈伪。此等之人，见恶于乡党，贻害于族人。如有此种，本房宜会族长，正以家规，俟其悔悟。怙恶不悛，鸣公究处。不留匪类，玷我门风。"[①]

清代湖南文化家族家训的又一作用是推进了儒家思想的社会化，加速了儒学的传播。家训是以儒家思想观念为核心的家族教育载体，从文化传播角度而言，家训的内容是对以儒家思想为主导的中国传统文化精神的阐扬。传统家训体现了儒家思想，将儒家思想观念灌输到家族之中，再通过家族灌输给家族成员，在灌输的过程中推进了儒家思想的社会化，加速了儒学的传播。家训实施过程中所反映的教育关系，不是一般的师生之间教育与被教育的关系，而是家族中的老者、长者、尊者对晚辈、小辈的教诲

---

① 上海图书馆编：《中国家谱资料选编·家规族约卷上》，上海古籍出版社 2013 年版，第 186 页。

和劝诫。这是一种含有血缘伦理关系色彩的教育与被教育的关系。老者、长者、尊者和晚辈、小辈之间存在血缘伦理关系在先，教诲劝诫在后。因此，家训教育是依附于血缘伦理关系的。此外，家训中所涉及的兄友弟恭、父慈子孝、长幼有序等家族伦理观也都包含着血缘伦理关系。在血缘伦理关系中，家族老者、长者、尊者对晚辈、小辈进行家庭教育时既具有约束力又具有影响力，其所传授的做人处世、修身养性、理财治生等儒家思想为主导的原则要求才能被更好的消化吸收和理解认同，这必将促进和加快儒学的传播。传统家训通常采用通俗易懂的语言，将博大精深、缜密深奥的儒家思想传授给家族成员。传统的四书五经之类的儒家经典往往思想深刻，论证严密，文辞较为晦涩，对于文化水平有限的家族成员而言不仅难以诵读，而且不好理解领悟。家训以家庭和家族为主要服务对象，家长、族长撰写和订立家训族规的目的是"整齐门内，提撕子孙"。为便于家族成员理解和接受家训内容，他们在语言上尽量避免使用晦涩难懂的词句。清代许多文化家族还将本族家训及历代名士家训文献予以刊行，从而使儒学得到了更广泛的传播。胡林翼在给夫人陶静娟的家信中即写道："《弟子箴言》板可速觅工印三百部来，（本欲印六百部，只好先印三百部。）以广先训而应后学。"[1] 此外，有些家训著作还被作为儿童教育的启蒙读本，唐鉴《幼学口语》、郭家彪《训蒙真诠》均采用朗朗上口的韵语和工整对仗的格言警句阐述儒家的修身齐家思想。这也在一定程度上推进了儒家思想的社会化。

最后，清代湖南文化家族家训还发挥着补充法律的作用，成为地方官府行政治理的辅助。《清朝通典》载知县的职责为："平赋役，听治讼，兴教化，厉风俗。凡养民、祀神、贡士、读法，

---

[1] 胡林翼：《胡林翼集》第二卷，岳麓书社 1999 年版，第 1019 页。

第六章　清代湖南文化家族家训的作用和启示

皆躬亲阙职而勤理之。"① 知县要负责管辖范围内的征收田税，摊派劳役，审理案件，兴办教育等诸多公务，这些公务项目众多，在现代社会几乎不可能完成。但是在清朝知县一个人却能够完成，其中一个重要的原因就是文化家族的家训在客观上成为地方官府行政治理的辅助。"平赋役"是地方官的首要的公务，文化家族的家训中多有"劝早完粮""急输将"等内容。如蓝长馨《汝南堂蓝氏家规》"急输将"条："履地戴天，饮和食德，身享太平之福，当思报国之恩，然贱属四民将何以报，亦唯每岁完税为先。故正供钱粮当及时输纳，任意拖欠为累不小。凡我族人务相劝勉，交接往来之际，衣服饮食之间，能省一分费可完一分粮，在身既免追呼之迫，于族亦无牵累之伤。正所谓外获效忠之名，内受安享之实，且可称为国之良民，族之善类，家人妇子何等欢欣。否则是顽梗不率，国法难宽，且贻羞于族党，宁无有玷于祖宗乎？思之凛之，慎勿以家规所说竟视为闲言也。"②《汝南堂蓝氏家训》奉劝族人以"急输将"为荣，"任意拖欠"为耻，并进一步将其上升到法律和道德高度，认为拖欠官府钱粮，不仅违反国法，而且让族人蒙羞，玷辱祖先。正是因为家训的规定，约束了族人的行为，使得族人都在官府的法律和家族家训允许的范围内行事。家训发挥着补充法律的作用，成为地方官府行政治理的辅助。这不仅减轻了官府的工作压力，而且提高了官府的工作效率和治理地方的水平。

清代地方长官往往既是行政长官又是司法长官，承担着处理辖区范围内争执和诉讼的任务。家族的尊长们一般依据家训来解

---

① 《清朝通典》卷三四，《职官典》，《州县》。
② 上海图书馆编：《中国家谱资料选编·家规族约卷上》，上海古籍出版社2013年版，第283页。

决家族成员内部的各种争执和纠纷，这不仅会大大减少家族成员间纷争的发生，而且也在很大程度上减小了地方官吏行政治理工作的压力。在传统观点来看，如果家族成员因为一般诉讼上告至官府，会有损家族荣光和家族尊长脸面。王夫之在《丙寅岁寄弟侄》写道："从前或有些小事动闲气，如往岁到官出丑，愚甚恨之。"① 因此，家训中常常告诫族人不要争执诉讼，对于家产、财物要以分关和契约为凭证。如《湘乡黄塘陈氏家规》"戒争讼"条："朱子云：'居家，戒争讼，讼则终凶。'此无他，只要各守本分，兄弟产业则以分关为定，族人戚友授受则以契约为凭。各管各业，不致无故侵占、恃强欺夺，何争之有？不争，何讼之有？今人争产争财，申诉不已，或至斗殴，或至构讼，甚至人命牵连，家产废败，亦何益哉？更有一般些小口角、无稽唇舌，以小成大者，又或有暗地挑唆、妇人长舌、因奸因盗、仇怨相寻者，不知国法森严，律例不贷，山村之内，只道法网可逃，一旦犯出，脸面何存，性命难保。可不戒哉！"② 族内的一般性的纠纷和矛盾都在家族内部由房长和族长依据家规处理。《湘乡黄塘陈氏家规》"遵公断"条曰："国家以官法断事，立取遵依。族长以家法治人，所当咸服。凡有口角，听本房房长处释。所处未妥，乃鸣之户长，又集众房长及知理法者公断之，毋文过饰非，毋利口强辩，毋高声喧哗，毋擦掌摩拳，毋恃众凌寡，毋出詈言辱骂，毋用势利钳制。如果家纲有失，必对祖宗重惩之。或既经判断，故意违抗不遵者，外加以罚。不服，即送上法治。族人宜共遵毋违。"③ 由此可见，

---

① 阳建雄校注：《〈姜斋文集〉校注》，湘潭大学出版社2013年版，第130页。
② 上海图书馆编：《中国家谱资料选编·家规族约卷上》，上海古籍出版社2013年版，第316页。
③ 上海图书馆编：《中国家谱资料选编·家规族约卷上》，上海古籍出版社2013年版，第316页。

家训解决了家族内部争端，起到了补充法律的作用。

第二节 清代湖南文化家族家训的启示

　　教育改变人生，知识决定未来。在人一生的成长过程中，教育发挥着重要的作用。一个人所接受的教育主要包括学校教育、家庭教育和社会教育三个方面。三者成为子女教育不可缺少的组成部分，相互影响，相互促进。三者当中，家庭教育是人成长中最初接受的教育，家庭是子女的第一所学校，而父母则是子女的第一任老师。一个人在幼年时期接受的教育和影响往往会伴随和影响着其一生。因此，古往今来，人们一直都很重视家庭教育。传统家训思想充分体现了儒家思想，是传统文化的重要组成部分。湖南文化家族所处的时代背景和空间环境，决定了湖南文化家族家训在继承传统家训的基础上，也有着自身的特色。湖南文化家族家训与清代湖南特定的政治环境、经济水平和文化发展相适应，是社会发展的结果。虽然家训与现代社会已经不再完全适应，但是家训中也包含了比较多的传统文化精华。家训制定者订立家训的目的是为了子孙昌盛和家族发达，因此在制定家训的时候，他们在总结自身人生经验教训的同时也会对历史上的经典家训进行仔细地研读，领会吸取其中的精华。如曾国藩、左宗棠都对陈宏谋《五种遗规》进行了认真的学习。许多家训都汇集了历代家训的精髓，对家族子弟乃至社会风气都起着很好的规范和导向作用。因此，我们整理研究清代湖南文化家族家训，目的之一就是为了古为今用，用湖南文化家族家训中的精华思想指导我们今天的教育，探讨其现代价值和启示。

首先，家庭教育要以德为先，重视道德教育。清代湖南文化家族注重以德为先的道德教育。《礼记·大学》云："德者本也。"家训作为家族所共同遵循的意志信条和道德行为准则，势必将儒家"尊祖宗、重人伦、崇道德、尚礼仪"的文化精神和道德规范渗透到家族生活的方方面面，家训中所包括的从修身治家到为官出仕等内容对家族成员的人格和道德观念的形成起着积极的促进作用。湖南文化家族家训强调子孙的道德教育，注重进德修业，以德为先；注重子孙修身养性，强调优良道德的培养；注重子孙的感恩教育，强调尊老爱幼，关爱他人；注重子孙的孝悌之道，强调长幼有序，和睦相处；鼓励子孙树立远大理想，培养积极进取、诚实守信的品格等。这些家训重视道德层面的规范和行为习惯的养成，有助于子孙个体品德的培育乃至人类社会道德的重建。在当代社会，面对着越来越大的升学压力和激烈的就业竞争，学校和家庭教育也深陷应试教育的泥潭不可自拔。为了能让孩子学习更多的知识，获得更高、更好的成绩，家长们更倾向于加强子女的知识学习和技能训练，对其道德品质的教育往往退居次要地位。这种选择虽然在短期内能够收到一定的成效，但是随着时间的推移，忽视道德教育的弊端就逐渐显现。一些缺少道德教育的人即使成年之后也仍然缺乏责任意识、辨别能力、承受能力和实践能力等，严重者甚至成为心理滞留在婴儿阶段的超级巨婴。面对青少年在道德方面出现的缺失，我们要把道德教育作为家庭教育的起点和基础，在传统家训文化中寻找智慧和方法，培养既有健全的知识结构，又有高尚的道德人格，德才兼备的子孙后代。

其次，家庭教育要从娃娃抓起，重视家庭启蒙教育。风起于青萍之末，浪成于微澜之间。家庭启蒙教育是开启孩子心灵世界的智慧之灯。教育不是富贵之家的专属特权，也不是贫困人家的

第六章 清代湖南文化家族家训的作用和启示

私藏。而是任何一个家庭都能送给孩子的无价之宝。家庭是子女的第一所学校，是人们最早开始接受教育的地方，培养优秀的子弟必须从小开始抓起。人在幼小时期可塑性极大，对其进行启蒙教育，施以正确引导，有助于培养良好的道德品质和生活习惯，对成长和成才都能产生极其深远的影响。家庭启蒙教育不在于给孩子提供多么优越的物质条件，而是在于为孩子的成长指明方向，营造良好的家庭成长环境。长辈、父母是孩子的第一任老师，他们的言谈举止潜移默化地影响着孩子的成长。比如教育孩子坐有坐相，站有站相，礼貌待人，珍惜粮食，避免浪费，生活中要孝顺父母，懂得感恩，不滥交友等。历览湖南文化家族的历史，那些有作为的名人和有为者，他们的成功都离不开行之有效的家庭启蒙教育。郭家彪《训蒙真诠》、唐鉴《幼学口语》等都是为子弟蒙学所写的知识性的教科书；周寿昌《送椿孙上学，口占示之》、吴敏树《七月十二日携儿侄庆孙似孙雨孙西村观获示之以诗》、王继藻《励志诗》等家训诗都寄托了对家族幼小儿孙的希冀和训示；曾国藩、左宗棠、胡林翼等湘楚名人不仅重视子弟启蒙教育，为他们聘请名师，而且还频频写家书，在家信中对子弟教育进行关注和指正。再如《湖南潘氏家劝十条》其八"劝训子弟"条云："凡人少成若天性，习惯如自然。故有子弟者，每于暇日，教以孝弟、忠信，课以经书，不许其游惰。责以本业，莫任其往来，无长其骄傲，无听其宴安。教以坐作、进退、衣食、言语、举动，事事中节。倘以其年有待，护彼之短，夸彼之长，任其放荡淫佚，养成刻薄之习，小则辱名败行，大则危身及亲，方悔幼时之未训也。晚矣。"① 从多方面对家族子弟进行教诲，同

---

① 上海图书馆编：《中国家谱资料选编·家规族约卷上》，上海古籍出版社2013年版，第184页。

时告诫父母要重视家庭启蒙教育。教育孩子不是一门简单的学问。今天的部分家长把孩子送到幼儿园和学校，完全交给老师去教育，平时疏于管教；或者对孩子只是一味地宠溺，缺乏约束，等到孩子长大，性格和习惯养成之后难以纠正就悔之晚矣。因此，细节决定成败，习惯决定未来。我们要目光长远，从湖南文化家族家训中汲取营养和方法，重视家庭启蒙教育，从小事抓起，从娃娃抓起。

再次，家庭教育要传承优良家风传统，发扬光大中华民族传统文化。家风包括家族生活方式、传统习惯、道德行为、生活作风等内容，家风的好坏直接影响着家族的兴衰。湖南文化家族的家训中有许多内容都关系着家风的形成和传承。如家族成员之间的关系处理中要"敬祖先""孝父母""敦手足""正家室"；在家族与邻里关系的处理中要"和族邻""戒争讼"等训诫内容；以及"养正于蒙""严慈相济"等教育子弟的方法都是形成良好家风的基础。湖南文化家族历来重视家风传承，如《湖南潘氏家劝》云："予家世以忠厚相传。"[1] 曾国藩重视家风传承，他在写给弟弟曾国潢的信中写道："吾家代代皆有世德明训，惟星冈公之教尤应谨守牢记。吾近将星冈公之家规，编成八句云：'书蔬猪鱼，考早扫宝，常说常行，八者都好；地命医理，僧巫祈祷，留客久住，六者俱恼。'盖星冈公于地、命、医、僧、巫五项人，进门便恼，即亲友远客久住亦恼。此八好六恼，我家世世守之，永为家训，子孙虽愚，亦必略有范围也。"[2] 这些家风有助于族人秉承和弘扬家族优良传统，强化家族文化基因。变化的是时代，

---

[1] 上海图书馆编：《中国家谱资料选编·家规族约卷上》，上海古籍出版社2013年版，第183页。
[2] 曾国藩：《曾国藩全集》第19卷家书二，岳麓书社1985年版，第1307页。

第六章 清代湖南文化家族家训的作用和启示

不变的是情理。社会主义现代化建设新时期虽然我们提倡与时俱进，勇于开拓，敢于创新，但是孝顺父母，崇尚节俭，推本忠厚，遵守法律，尊重师长，和宗睦族等家风"老理儿"却是我们在新时代不可缺少的价值坐标。不论生活格局发生多大变化，不论社会观念如何多元，我们都需要教育好子孙后代，协调好家庭关系，把优良传统家风中的"老理儿"发扬好。优良家风的传承对协调人际关系、促进家族成员的成长、保持家族的繁盛等都具有十分重要的现实意义。因此，我们要传承优良家风传统，把培养和传承优良家风作为生活、工作中的重要内容。

最后，对待子孙要宽严相济，强调教子有方。《韩非子·六反》云："故母厚爱处，子多败，推爱也；父薄爱教笞，子多善，用严也。"母亲如果一味地溺爱子女，娇生惯养，子女多半会道德败坏；父亲很少疼爱子女，严格要求子女，子女反而品性善良。湖南文化家族在家庭教育中就体现出了宽严相济的风格和特点，左宗棠平时教育孝宽、孝威要求严格，训斥严厉，不留情面："孝威气质轻浮，心思不能沉下，年逾成童而童心未化，视听言动，无非一种轻扬浮躁之气。屡经谕责，毫不知改。孝宽气质昏惰，外蠢内傲，又贪嬉戏，毫无一点好处可取，开卷便昏昏欲睡，全不提醒振作。一至偷闲顽耍，便觉分外精神。年已十四，而诗文不知何物，字画又丑劣不堪。见人好处不知自愧，真不知将来作何等人物。我在家时常训督，未见悛改。"[①] 但是当儿子孝威摔伤之后，左宗棠却疼爱有加，关心备至："尔病根由倾跌受伤而起。现在读书高坡，常由屋后山磡跳掷而下，不顾性命，只贪嬉戏，殊不可解。《礼记》曰：'孝子毋登高，毋临深，惧辱亲也。'亏体辱亲，不孝之大者，尔亦知之否乎？吾年卅又五而尔始生，

[①] 左宗棠：《左宗棠全集》第13册，岳麓书社2009年版，第10—11页。

爱怜倍切；尔母善愁多病，所举男子惟尔一人，尔亦念之否乎？"①因此，我们在管教子女的过程中，要坚持宽严相济的原则。既要宽厚又要严管，严管是宽厚的表现和举措，宽厚需要严管，两者之间相辅相成。在家庭教育中，我们对待子女既要在生活上、学习上加强引导，关心爱护，同时又要严格要求，不能有求必应，娇生惯养，坚持宽严相济的原则和方法。

---

① 左宗棠：《左宗棠全集》第13册，岳麓书社2009年版，第66页。

参考文献

一 古籍、著作

包东坡选注：《中国历代名人家训精萃》，安徽文艺出版社 2010 年版。

贝京校点：《湖南女士诗钞》，湖南人民出版社 2010 年版。

陈宝良：《明代社会生活史》，中国社会科学出版社 2004 年版。

陈东原：《中国妇女生活史》，商务印书馆 1937 年版。

陈宏谋辑：《五种遗规》，线装书局 2015 年版。

陈寿灿、杨云等：《以德齐家：浙江家风家训研究》，浙江工商大学出版社 2015 年版。

陈戍国点校：《四书五经》，岳麓书社 1991 年版。

陈延斌主编：《中国传统家训文献辑刊》，国家图书馆出版社 2018 年版。

成晓军主编：《慈母家训》，湖北人民出版社 1996 年版。

从余选注：《中国历代名门家训》，东方出版中心 1997 年版。

戴素芳：《传统家训的伦理之维》，湖南人民出版社 2008 年版。

费成康：《中国的家法族规》，上海社会科学院出版社 1998 年版。

郭昆焘：《郭昆焘集》，岳麓书社 2011 年版。

何新华编：《名人家教》，江西教育出版社 1993 年版。

胡达源：《胡达源集》，岳麓书社2009年版。

胡林翼：《胡林翼集》，岳麓书社2008年版。

江庆柏、张艳超编：《中国古代女教文献丛刊》，北京燕山出版社2017年版。

襟霞阁主：《清十大名人家书》，岳麓书社1999年版。

李瀚章、裕禄等编纂：《光绪湖南通志》，岳麓书社2009年版。

李茂旭主编：《中华传世家训》，人民日报出版社1998年版。

李星沅：《李星沅集》，岳麓书社2013年版。

刘欣：《宋代家训与社会整合研究》，云南大学出版社2015年版。

楼含松主编：《中国历代家训集成》，浙江古籍出版社2017年版。

陆林主编：《中华家训大观》，安徽人民出版社1994年版。

［美］曼素恩：《缀珍录——十八世纪及其前后的中国妇女》，定宜庄、颜宜葳译，江苏人民出版社2005年版。

潘光旦：《中国伶人血缘之研究·明清两代嘉兴的望族》，商务印书馆2015年版。

钱基博：《近百年湖南学风》，岳麓书社2010年版。

上海图书馆编：《中国家谱资料选编》，上海古籍出版社2013年版。

陶澍：《陶澍集》，岳麓书社2010年版。

王长金：《传统家训思想通论》，吉林人民出版社2006年版。

王夫之：《船山全书》，岳麓书社1996年版。

王勇、唐俐：《湖南历代文化世家·四十家卷》，湖南人民出版社2010年版。

魏源：《魏源全集》，岳麓书社2004年版。

吴敏树：《吴敏树集》，岳麓书社2012年版。

夏初、惠玲校释：《蒙学十篇》，北京师范大学出版社1990年版。

谢宝耿编著：《中华家训精华》，上海社会科学院出版社1997年版。

徐少锦、陈延斌：《中国家训史》，陕西人民出版社2011年版。

徐少锦等主编：《中国历代家训大全》，中国广播电视出版社1993年版。

徐雁平：《清代文学世家姻亲谱系》，凤凰出版社2010年版。

徐永斌：《明清江南文士治生研究》，中华书局2019年版。

颜之推：《颜氏家训》，中国文史出版社2003年版。

阳建雄校注：《〈姜斋文集〉校注》，湘潭大学出版社2013年版。

阳信生：《湖南近代绅士阶层研究》，岳麓书社2010年版。

叶梦得：《石林治生家训要略》，上海书店出版社2004年版。

尹奎友等评注：《中国古代家训四书》，山东友谊出版社1997年版。

余英时：《中国近世宗教伦理与商人精神》，安徽教育出版社2001年版。

喻岳衡编：《历代名人家训》，岳麓书社1991年版。

曾国藩：《曾国藩全集》，岳麓书社1995年版。

曾礼军：《江南望族家训研究》，中国社会科学出版社2017年版。

张楚廷、张传燧主编：《湖南教育史》，岳麓书社2008年版。

赵伯陶选注：《中国传统家训选》，人民文学出版社2018年版。

赵振：《中国历代家训文献叙录》，齐鲁书社2014年版。

周寿昌：《周寿昌集》，岳麓书社2011年版。

朱明勋：《中国家训史论稿》，巴蜀书社2008年版。

左宗棠：《左宗棠全集》，岳麓书社2009年版。

二 学位论文

安颖侠：《汉代家训研究》，硕士学位论文，河北师范大学，2008年。

柏艳：《魏晋南北朝家训研究》，硕士学位论文，湖南师范大学，2010年。

车墨姣：《〈张英家训〉主体思想研究》，硕士学位论文，青岛大学，2017年。

陈梦琦：《〈颜氏家训〉副词研究》，硕士学位论文，南京林业大学，2016年。

陈松林：《曾国藩家训思想研究——以〈曾国藩家书〉为视角》，硕士学位论文，山东大学，2017年。

陈天旻：《〈颜氏家训〉与颜氏家族文化研究》，硕士学位论文，江南大学，2010年。

陈筱倩：《〈颜氏家训〉家风建设思想研究》，硕士学位论文，河南中医药大学，2018年。

陈志勇：《唐代家训研究》，硕士学位论文，福建师范大学，2004年。

陈志勇：《唐宋家训研究》，博士学位论文，福建师范大学，2007年。

范岚：《〈颜氏家训〉学习策略研究》，硕士学位论文，中南大学，2013年。

冯瑶：《两宋时期家训演变探析》，硕士学位论文，辽宁大学，2012年。

付元琼：《汉代家训研究》，硕士学位论文，广西师范大学，2008年。

高洁茹：《浅论魏晋南北朝家训发展及对家族影响》，硕士学位论文，华中师范大学，2016年。

耿宁：《〈钱氏家训〉及当代价值研究》，硕士学位论文，安徽财经大学，2018年。

郭同轩：《明代仕宦家训思想研究》，硕士学位论文，山西师范大学，2016年。

郝佳婧：《曾国藩家训德育思想研究》，硕士学位论文，东北林业大学，2019年。

郝嘉乐：《东汉家训研究》，硕士学位论文，安徽大学，2015年。

郝玲：《〈颜氏家训〉虚词研究》，硕士学位论文，内蒙古师范大学，2011年。

基圣军：《颜之推经学思想的几个问题》，硕士学位论文，重庆师范大学，2011年。

景伟超：《〈曾文正公家训〉中的家庭教育思想及其当代价值》，硕士学位论文，聊城大学，2019年。

蓝露云：《传统家训中诚信思想融入高校诚信教育的路径研究》，硕士学位论文，广西大学，2018年。

雷传平：《〈颜氏家训〉研究》，博士学位论文，曲阜师范大学，2016年。

李光杰：《唐代家训文献研究》，硕士学位论文，吉林大学，2009年。

李佳佳：《满族谱牒中的家训研究》，硕士学位论文，吉林师范大学，2014年。

李健：《哲学视域中的〈颜氏家训〉研究》，硕士学位论文，湘潭大学，2009年。

李俊：《宋代家训中的经济观念》，硕士学位论文，河北师范大学，2002年。

李兰兰：《〈颜氏家训〉单音节动词同义词研究》，硕士学位论文，新疆大学，2009年。

李倩文：《〈颜氏家训〉中的艺术教育思想研究》，硕士学位论文，山东艺术学院，2019年。

李胜飞：《〈朱子家训〉研究》，硕士学位论文，华中师范大学，2017年。

李雪：《张英家训中的道德修养论》，硕士学位论文，云南大学，2018年。

梁加花：《魏晋南北朝家训研究》，硕士学位论文，南京师范大学，

2011年。

梁琦:《陆游家训诗研究》,硕士学位论文,山西大学,2017年。

梁素丽:《宋代女性家庭地位研究——以家训为中心》,硕士学位论文,辽宁大学,2012年。

刘凡羽:《论〈颜氏家训〉的内容与文体风格》,硕士学位论文,东北师范大学,2007年。

刘辉:《颜延之〈庭诰〉研究》,硕士学位论文,福建师范大学,2013年。

刘江山:《宋代家训研究》,硕士学位论文,青海师范大学,2015年。

刘静:《唐代家训诗的教育价值取向研究》,硕士学位论文,东北师范大学,2019年。

刘社锋:《儒家价值体系及其具体化研究——兼论〈颜氏家训〉的个体品德培育》,硕士学位论文,西北师范大学,2009年。

刘文升:《司马光家庭教育思想研究》,硕士学位论文,河南大学,2010年。

刘欣:《宋代家训研究》,博士学位论文,云南大学,2010年。

舒连会:《唐代家训诗考述》,硕士学位论文,南京师范大学,2013年。

苏方:《〈颜氏家训〉及其伦理内涵初探》,硕士学位论文,上海师范大学,2010年。

苏亚图:《唐代士族家训探析》,硕士学位论文,曲阜师范大学,2010年。

孙翔:《曾国藩家庭伦理思想的现代价值研究》,硕士学位论文,西北师范大学,2005年。

田雪:《〈颜氏家训〉中的士族文化研究》,博士学位论文,河北师范大学,2013年。

田雪：《乱世浮沉中的挣扎——从〈颜氏家训〉看颜之推文化心理之矛盾性》，硕士学位论文，河北师范大学，2009年。

汪甜：《〈颜氏家训〉和传统人文教化》，硕士学位论文，东北师范大学，2008年。

王海利：《传统家训中的美育思想研究》，硕士学位论文，云南师范大学，2018年。

王莉：《明清苏州家训研究》，硕士学位论文，苏州大学，2014年。

王瑜：《明清士绅家训研究（1368—1840）》，博士学位论文，华中师范大学，2007年。

魏雪玲：《传统家训文化中的德育思想研究》，硕士学位论文，重庆师范大学，2013年。

魏雪源：《清代家训中的伦理教育思想研究》，硕士学位论文，山东师范大学，2018年。

吴天慧：《绩溪〈章氏家训〉思想及其现代价值研究》，硕士学位论文，安徽大学，2018年。

吴炜：《多达〈致吾儿书〉与〈颜氏家训〉比较研究》，硕士学位论文，东北师范大学，2017年。

吴小英：《宋代家训研究》，硕士学位论文，福建师范大学，2009年。

吴晓曼：《明清家训中优秀德育思想的当代价值及转化路径探析》，硕士学位论文，安徽农业大学，2017年。

肖蕾：《作为地方性道德知识的钱氏家训研究》，硕士学位论文，浙江财经大学，2016年。

徐小萌：《优秀家风家训融入当代大学生道德教育研究》，硕士学位论文，曲阜师范大学，2019年。

许从彬：《宋代女训思想研究》，硕士学位论文，南京师范大学，2011年。

许晓静：《由〈颜氏家训〉看南北朝社会》，硕士学位论文，山西大学，2007年。

闫续瑞：《汉唐之际帝王、士大夫家训研究》，博士学位论文，南京师范大学，2004年。

杨海帆：《〈颜氏家训〉文学思想研究》，硕士学位论文，河北大学，2006年。

杨华：《论宋朝家训》，硕士学位论文，西北师范大学，2006年。

杨琦：《中国传统家训的系谱学研究》，硕士学位论文，首都师范大学，2007年。

姚迪辉：《宋代家训伦理思想研究》，硕士学位论文，湖南工业大学，2011年。

姚社：《宋代家训中的妇女观研究》，硕士学位论文，华中师范大学，2008年。

易金丰：《宋代士大夫的治生之学与消费伦理——以宋代家训为中心》，硕士学位论文，河北大学，2013年。

尹海清：《〈颜氏家训〉中的儿童道德教育思想简论》，硕士学位论文，辽宁师范大学，2012年。

余颖：《〈颜氏家训〉书证篇研究》，硕士学位论文，上海师范大学，2003年。

岳丽丽：《我国传统家训蕴意及其现代伦理价值》，硕士学位论文，长春工业大学，2010年。

张洁：《明清家训研究》，硕士学位论文，陕西师范大学，2013年。

张静：《先秦两汉家训研究》，硕士学位论文，郑州大学，2013年。

张敏：《我国古代家训中的家庭教育思想初探》，硕士学位论文，华东师范大学，2009年。

张然：《明代家训中的经济观念研究》，硕士学位论文，华中师范大学，2008 年。

张希：《〈颜氏家训〉的生命教育思想及其当代价值》，硕士学位论文，中共山东省委党校，2019 年。

张晓敏：《〈温公家范〉主体思想研究》，硕士学位论文，青岛大学，2008 年。

张妍：《明清家训的现代家庭教育价值研究》，硕士学位论文，沈阳师范大学，2019 年。

张宗婉：《我国传统家训中的家庭美德教育研究》，硕士学位论文，天津师范大学，2016 年。

赵红莲：《王船山家训伦理思想研究》，硕士学位论文，湖南师范大学，2016 年。

赵金龙：《明清家训中的经济观念》，硕士学位论文，山东师范大学，2009 年。

钟华君：《清末民初徽州宗族家训及其传承研究》，硕士学位论文，安徽大学，2015 年。

周文佳：《从家训看唐宋时期士大夫家庭的治家方式》，硕士学位论文，河北师范大学，2008 年。

邹方程：《从〈颜氏家训〉看六朝书法》，硕士学位论文，首都师范大学，2003 年。

三 期刊论文

陈东霞：《从〈颜氏家训〉看颜之推的思想矛盾》，《松辽学刊》1999 年第 3 期。

陈新专、符得团：《传统家训道德培育的当代启示》，《甘肃社会科学》2011 年第 5 期。

陈雪明：《徽州宗族祖训家规及其当代文化价值》，《中国石油大学学报》（社会科学版）2017年第5期。

陈延斌：《论司马光的家训及其教化特色》，《南京师大学报》（社会科学版）2001年第4期。

陈延斌：《中国古代家训论要》，《徐州师范学院学报》1995年第3期。

崔军伟：《明代理学家曹端家训著述及家训思想探析》，《河南科技大学学报》（社会科学版）2019年第2期。

戴素芳：《传统家训消费伦理观的现代审思》，《伦理学研究》2007年第2期。

戴素芳：《论曾国藩家训伦理思想及其现代意义》，《伦理学研究》2003年第5期。

段文阁：《古代家训中的家庭德育思想初探》，《齐鲁学刊》2003年第4期。

郭长华：《张英家训思想初论》，《湖北大学学报》（哲学社会科学版）2005年第1期。

郭敏、黄春梅：《崇俭与经济生活：潮汕家训中的崇俭消费思想观窥探》，《顺德职业技术学院学报》2019年第1期。

郝士宏：《山西传统家训的当代价值》，《中北大学学报》（社会科学版）2020年第1期。

黄明毅：《清代海宁查氏家族家训及现代传承》，《新余学院学报》2019年第1期。

贾秀梅：《山西传统家训文化简论》，《中北大学学报》（社会科学版）2020年第3期。

孔令慧：《论司马光家训特色及当代启示》，《运城学院学报》2008年第1期。

李鹏辉：《〈颜氏家训〉的人文关怀及现代启示》，《山西师大学报》(社会科学版) 2005 年第 1 期。

梁金玉：《郑观应家训的文种、特点及其价值》，《应用写作》2019 年第 2 期。

林庆：《家训的起源和功能——兼论家训对中国传统政治文化的影响》，《云南民族大学学报》(哲学社会科学版) 2004 年第 3 期。

刘经纬、郝佳婧：《〈曾国藩家训〉中的治家德育思想及当代价值探析》，《湖南人文科技学院学报》2018 年第 1 期。

刘先春、柳宝军：《家风家训：培育和涵养社会主义核心价值观的道德根基与有效载体》，《思想教育研究》2016 年第 1 期。

刘欣：《略论宋代家训中的"女教"》，《中华女子学院学报》2009 年第 5 期。

刘志伟：《"江南第一家"郑氏家族的家训教化制度考究》，《兰台世界》2015 年第 27 期。

刘子超：《〈朱子家训〉中的勤俭思想的现代价值研究》，《包头职业技术学院学报》2015 年第 4 期。

陆树程、郁蓓蓓：《家风传承对培育和践行社会主义核心价值观的意义》，《苏州大学学报》(哲学社会科学版) 2015 年第 3 期。

钱国旗：《血脉传承与扬名显亲——论〈颜氏家训〉的齐家之道》，《孔子研究》2007 年第 4 期。

钱敏：《曾国藩家训家教思想的构成与启示》，《湖北经济学院学报》(人文社会科学版) 2018 年第 12 期。

邵海燕：《〈颜氏家训〉的儿童早教论》，《浙江师大学报》1996 年第 5 期。

石开玉：《明清徽州传统家训中的女性观探析》，《重庆三峡学院学报》2016 年第 5 期。

汪锋华：《藩篱中的自由：民国徽州宗族婚姻观的革新——以徽州家谱族规家训为中心》，《安庆师范大学学报》（社会科学版）2020年第1期。

王丹：《传统家训文化中的德育思想及其现代意蕴》，《思想政治教育研究》2018年第1期。

王海艳：《传统家训消费伦理观探析》，《四川经济管理学院学报》2009年第2期。

王连儒、许静：《〈颜氏家训〉中的女性生活状况及女性教育观念》，《聊城大学学报》（社会科学版）2007年第6期。

王玲莉：《〈颜氏家训〉的人生智慧及其现代价值》，《广西社会科学》2005年第10期。

王伟、张琳：《〈澄怀园语〉官德思想及其启示》，《江苏师范大学学报》（哲学社会科学版）2017年第5期。

王志立：《古代家训中的官德教育》，《人民日报》2016年7月18日。

王志立：《论宋代官德教育》，《中州学刊》2016年第9期。

武林杰：《传统诚信家训的历史探究及其当代教育启示》，《首都师范大学学报》（社会科学版）2019年第3期。

徐少锦：《试论中国历代家训的特点》，《道德与文明》1992年第3期。

徐秀丽：《中国古代家训通论》，《学术月刊》1995年第7期。

宣璐：《中国传统家训中的诚信文化及其当代价值》，《重庆社会科学》2015年第1期。

闫续瑞、栗瑞彤：《论唐代〈柳氏家训〉中的忧患意识》，《广西社会科学》2019年第2期。

杨爱华、胡菊虹：《宋与明清家规对女性管理之比较》，《青海民族学院学报》2001年第3期。

杨芳：《清代徽州家风家训探析——以黟县南屏叶氏家族为例》，《皖西学院学报》2018年第6期。

尹旦平：《〈颜氏家训〉的道德教育思想》，《江汉论坛》2000年第1期。

臧健：《中韩古代家规礼法对女性约束之比较——以明清与古代朝鲜时期为例》，《北京大学学报》（哲学社会科学版）2000年第3期。

曾礼军：《江南望族家训：家族教化与地域涵化》，《中国社会科学报》2012年1月13日。

张红艳：《张载家族家训中的伦理思想探析》，《宝鸡文理学院学报》（社会科学版）2019年第2期。

张君、欧雨云：《中国传统家训中的德育思想研究述评》，《船山学刊》2015年第6期。

张熙惟：《宋代家训中的官德教育》，《人民论坛》2019年第17期。

张学智：《〈颜氏家训〉与现代家庭伦理》，《中国哲学史》2003年第2期。

赵宏欣：《宋代家训中的官德教育》，《商丘职业技术学院学报》2012年第1期。

赵金龙：《传统家训中的家庭消费观》，《辽宁教育行政学院学报》2008年第5期。

郑漫柔：《清代家训中的家庭理财观念》，《黑龙江史志》2010年第9期。

周红：《中国古代家训中的仕宦理念及其当代价值》，《徐州教育学院学报》2008年第2期。

朱明勋：《〈颜氏家训〉成书年代论析》，《社会科学研究》2003年第4期。

朱明勋：《宋元明清时期家训中的理财思想及其经济性质》，《晋阳学刊》2007年第3期。

庄若江：《敦化成学　蕴藉深厚——江南世族"家训"的生成、谱系与内涵》，《江南大学学报》（人文社会科学版）2020年第1期。

后 记

《清代湖南文化家族家训研究》是我近几年探究湖南文化家族的一个小小总结。与我目前正在研究的《湖南闺秀文学研究》《〈邗江王氏五修宗谱〉研究》以及稍后将出版的《清代湖南家训选》可以成为"湖南文化家族研究系列"。2015 年应亲友之邀为其家族文化献计献策,由此我对族谱、家训、家族文学研究产生了兴趣并先后写了几篇文化家族研究的学术论文。2019 年我在此基础上申报了湖南省社会科学评审委员会一般资助项目,并将其作为博士后学习期间的研究课题。

"文章千古事,得失寸心知。"写写停停,历经两年多的写作和近一年的修改,书稿到现在为止告一段落了。搁笔之际,心中却没有想象中的轻松。由于自己才疏学浅,前人对此课题又未做过系统研究,加上家训相关资料零散繁芜,课题设计时的框架和想法,有些已经实现,有的却渐行渐远,如镜花水月般虽依稀可见却难以触摸,进一步的研究只能有待来日了。

本书得到了扬州大学姚文放教授、陈军教授、古风教授、陈学广教授的指导,他们在肯定书稿的同时也提出了许多宝贵意见,我在此深表感谢。同时,感谢湖南省船山学研究基地在课题研究与本书出版过程中给予的支持与资助。感谢本书的责任编辑郭晓鸿女士为本书出版付出的辛勤劳动。

陈杨谨识于衡阳

2022 年 3 月